中国海洋空间丛书

杨国桢 等 著

中国海洋战略空间

海洋出版社

2019年·北京

图书在版编目（CIP）数据

中国海洋战略空间／杨国桢等著. —北京：海洋出版
社，2018.12

（中国海洋空间丛书）

ISBN 978 - 7 - 5210 - 0280 - 5

Ⅰ. ①中…　Ⅱ. ①杨…Ⅲ. ①海洋战略 – 研究 – 中国
Ⅳ. ①P74

中国版本图书馆 CIP 数据核字（2018）第 283007 号

策划编辑：高朝君　冷旭东
责任编辑：高朝君　侯雪景
责任印制：赵麟苏

海洋出版社出版发行

http://www.oceanpress.com.cn

北京市海淀区大慧寺路 8 号　邮编：100081

北京朝阳印刷厂有限责任公司印刷

2019 年 3 月第 1 版　2019 年 3 月北京第 1 次印刷

开本：787mm×1092mm　1/16　印张：14.75

字数：245 千字　定价：68.00 元

发行部：62132549　邮购部：68038093

总编室：62114335　编辑部：62100038

海洋版图书印、装错误可随时退换

总　序

　　党的十九大报告提出："坚持陆海统筹，加快建设海洋强国。"进入 21 世纪，随着中国经济的腾飞和全球经济一体化进程的不断加深，以及实现中华民族伟大复兴的中国梦的提出，海洋对中国崛起的重要性日益提高，海洋霸权主义者遏制中国海洋空间的声音和行动日益增多，吸引了中国人对"海洋空间"的关注。什么是海洋空间？中国的海洋空间在哪里？需要一个科学的回答。

　　"海洋空间"是 20 世纪 70 年代以后流行起来的名词。海洋空间是一种广义的自然与人文的物质存在体，包含客观存在形式的自然主体——海洋，也包含生活在海洋世界中作为建构主体的人类的行为范畴——人文活动，亦即海洋空间包括自然海洋空间与人文海洋空间两个不可分割的组成部分。从自然科学的角度讲，海洋空间过去通常指地球表面陆地之外的连续咸水体，现代则指由海洋水体、海岛、岛礁、海洋底土、周边海岸带及其上空组合的地理空间和生态系统。海水包围的海岛、岛礁，水下的底土，南北极的极地，水陆相交的大陆海岸带陆域，以及海上的天空，与海洋水体形成"生命共同体"，都被视为是海洋空间的组成部分。从人文社会科学的角度讲，海洋空间是人类生存发展的第二空间，是人类以自然海洋空间为基点的行为模式、生产生活方式及交往方式施展的场域，是人类海洋性实践活动和文化创造的空间，是一个与大陆文明空间存在形式的农耕世界、游牧世界并存的海洋世界文明空间。

　　海洋空间的内涵丰富，首先是海洋自然空间，但自然的每一个角落都深受人文的作用与影响，因此海洋空间的维度与广度与人类发展息息相关，从纵向看，它贯穿人类海洋活动的所有时间，从远古至于今，直到未来；从横向看，它包含人类海洋活动的一切领域，直接和间接从事海洋活动的空间体系，有政治、经济、社会、军事、文化等不同的层次。所以，海洋空间研究既是海洋自然科学又是海洋人文社会科学研究的大题目，目前尚未见到综合研究的成果，而中国海洋空间的整体研究还是空白，需要我们不断地探索、创新和开拓。

献给读者的这套书，是我和博士生们运用海洋人文社会科学"科际整合"方法的尝试。主要研究海洋对国民生存的历史影响与未来改变，探索新的生存空间的构建，从海洋社会的角度诠释我国自己独特的政治制度、社会制度和国情文化，为合理开发利用海洋提供理论支撑，唤醒国民的海洋意识，使国民认识海洋、关心海洋、热爱海洋。我们结合博士学位课程"海洋史学学术前沿追踪"的学习和讨论，从前人和当下不同学科的学者对海洋空间的解释吸取知识和灵感，确立观察的视点，建构中国的海洋空间体系。广泛搜集资料和吸收中外专家学者的研究成果，接触了以往未曾碰摸过的领域和知识，不断完善自己的思路，构建新的叙事方法，以过去·现在·未来的时空布局，分为四册：第一册《中国海洋空间简史》（杨国桢、章广、刘璐璐著），追溯过往，讲述中国海洋空间的历史变迁；第二册《中国海洋资源空间》（杨国桢、王小东、朱勤滨著）和第三册《中国海洋权益空间》（杨国桢、徐鑫、徐慕君著），立足现实，主要讲述现在的中国海洋空间；第四册《中国海洋战略空间》（杨国桢、陈辰立、李广超著），展望未来，重点讲述中国海洋空间的发展前景。

海洋空间是中华民族生存发展的重要领域，中华民族在中国海洋空间领域上创造了举世瞩目的繁盛的海洋文明。在第一册里，我们跳出传统王朝体系史学书写的束缚，以海洋发展为本位，叙述中国海洋空间发展的历史，梳理海洋空间发展的脉络，展示中国海洋空间形成、发展、演变的进程。

海洋有丰富的资源，这是海洋能成为人类第二生存空间的基础，海洋资源量的变化直接体现了海洋资源空间的大小。在第二册里，我们站在陆海整体以及人类可持续发展的角度，从海洋地理资源空间、海洋物质资源空间、海洋能资源空间、海洋文化资源空间和海洋资源空间拓展几个方面来探讨中国的海洋资源空间。摆脱了过往研究割裂资源与空间、自然资源与人文资源联系的缺陷，书中将上述两组对象放置一起，对中国海洋资源空间的现状、海洋资源空间开发利用中存在的问题，以及资源空间的开拓都作了比较全面的解说。

海洋既是人类生存的基本空间，也是国际政治斗争的重要舞台，海洋政治的实质是海洋权益之争。海洋权益是与海洋权利紧密相连的法律术语，它直接体现出"利益"的诉求，并强调在合法权利的基础上实现海洋利益的维护。海洋权益空间不仅仅只属于某一个或某几个海洋大国，而应该有广泛的参与性。在第三册里，我们把海洋权益空间划分为四类：主权海洋权益空间、公共海洋权益空间、移动的海洋权益空间、特殊的海洋权益空间，指出中国的海洋权益空间所在，以及当下中国维护海洋权益的伟大实践。

海洋是支撑人类未来发展的重点战略空间，是中华民族实现伟大"中国梦"不可或缺的战略空间。海洋战略空间既指海洋战略实践的具体场所与基本方面，又指对现有海洋战略发展趋势的预测以及对未来海洋战略的谋篇规划。在第四册里，我们对中国海洋战略发展和走向作了分析，指出中国海洋战略发展的愿景是和平崛起，各国共享世界海洋空间一起发展，相互带来正面而非负面的外溢效应，平等相待，互学互鉴，兼收并蓄，推动人类文明实现创造性发展。

这样的叙事架构，似乎可以体现主要内容，比较深入浅出地回答中国的海洋空间在哪里的问题，但是否能满足社会期待，在引导舆论、服务大局、传承文明上发挥作用，有待读者的检验，敬祈不吝指教。

杨国桢

2018 年 11 月 1 日于厦门

目　录

第一章

辽廓沧海：支撑人类未来发展的重要领域

海洋战略与海洋战略空间

海洋孕育了地球生命，也孕育了整个人类文明。作为这个星球上最为重要的战略性资源，海洋既是世界贸易的重要通道，又是解决当今全球人口剧增、资源匮乏和环境恶化等一系列严重挑战人类生存与可持续发展问题的重要途径。在 1992 年联合国环境与发展大会通过的《21 世纪议程》曾明确指出，海洋、环境是全球生命支持系统的一个基本组成部分，也是一种有助于实现可持续发展的宝贵财富。国际政治、经济、军事和科技活动都离不开海洋，人类的可持续发展也必然将越来越多地依赖海洋。

海洋战略是当代国家通过海洋富国、强国的路径选择，也就是国家用于筹划和指导海洋开发、利用和管理，海洋安全和保卫，总揽海洋建设与斗争全局的总方针，是涉及海洋经济、海洋政治、海洋文化、海洋技术、海洋外交、海洋军事、海洋法律诸方面，处理陆地与海洋、经济与军事、近期与长远的海洋发展原则。海洋战略是国家战略的组成部分，受国家总体战略的指导和制约。目标是站在开发利用海洋的制高点，争取国家利益的最大化。[①]

海洋战略的核心是以海强国，具体而言，就是国家通过海洋战略的布局以期达到海洋经济综合实力发达、海洋科技综合水平先进、海洋产业国际竞争力突出、海洋资源环境可持续发展能力强大、海洋事务综合调控管理规范、海洋生态环境健康、沿海地区社会经济文化发达、海洋军事实力和海洋外交事务处理能力强大的发展目标。

这种"以海强国"的思维由来已久。2500 年前，古希腊海洋学者狄米斯托克利和古罗马的西塞罗都提出了"谁能控制海洋，谁就控制了世界"的思想。公元前 5 世纪，雅典的政治家和军事家伯里克利提出雅典的根本战略是发展海军，在一切可能控制的海域确立支配地位。16 世纪英国的罗利爵士、19 世纪近代美国海军理论奠基人马汉等，都把"争夺海洋与控制贸易"和控制整个

----

① 杨国桢：《反思海洋人文社会科学》，见周宁、盛嘉：《人文国际》第 2 辑，厦门：厦门大学出版社，2010 年，第 125 页。

世界紧密地联系在一起。

16 世纪以来，随着新航路的开辟以及航海家探险的兴起，大西洋沿岸的欧洲国家在海上进行商业贸易与殖民掠夺，利用海洋实施对外扩张，实现资本原始积累，从而争夺海洋以及世界的霸权。

葡萄牙于 15 世纪制定了"控制地中海与大西洋的交通要道"的海洋战略，并逐步得以实践。到了 16 世纪初期，就已建成一个从直布罗陀经好望角到印度洋、马六甲海峡至远东的庞大帝国，成为当时欧洲的海上强国。而当葡萄牙依靠海权迅速崛起之际，西班牙深感发展海洋的迫切，将海洋发展的方向指向大西洋的另一端。1492 年，哥伦布率船队出航，西班牙从此踏上了以海强国之路。至 1550 年，通过血腥的海外扩张，西班牙统治了美洲大陆的大片土地。到 16 世纪末，世界金银总产量中的 83% 被西班牙占有。随着西班牙、葡萄牙的海外扩张，双方在殖民地和海洋上冲突不断，两者依靠强劲的舰队，各自建立了庞大的海洋帝国，形成了所谓的"海洋两分"时代。

荷兰的海洋战略则更为注重海上商贸的开拓以及海军舰队的建设，通过数十年的努力组建起了一支庞大且装备精良的海上商队，鼎盛时其船舶总吨位相当于当时英国、法国、西班牙、葡萄牙四国的总和，被誉为"海上马车夫"。彼时整个欧洲的海上贸易几乎全部掌握在荷兰手中。荷兰利用海上优势和商业霸权在 17 世纪占领了大量海外殖民地，并在航海和贸易等方面达到了全盛期，成为欧洲的经济中心。

英国在 16 世纪中期走上了海外扩张的道路。至 19 世纪初，西班牙彻底失去海洋霸主地位，英国倚仗自己积累的原始资本和海上力量，推行所谓的"炮舰政策"，发动了一系列殖民侵略战争，取得了完全制海权，成为新的海洋霸主，号称"日不落帝国"。

独立后的美国，由于国内问题繁杂，无暇顾及海上。因此，早期的海洋战略并不明确，海军发展也相当缓慢。19 世纪末，随着马汉"海权"思想的提出，美国政府把国家立法与政府执法、海军执法紧密地联系在一起，使得海洋战略上升到了国家战略层面。1898 年，通过美西战争，美国势力扩张到了大西洋和西太平洋，树立了海权大国形象。第一次世界大战以前，美国已经成为世界第一强国。而在第二次世界大战结束之后，世界上每个海域都有美国海军的存在。苏联解体后，美国海军更取得了独一无二的海上控制权。

17 世纪末，俄国的彼得大帝认识到了海洋的重要性，着手大力发展海军，从此开始了海洋强国之路。在此之后，随着俄国从瑞典人手中夺取了黑海和波罗的海的出海口，国家实力迅速崛起，跻身世界强国之林。20 世纪中叶之后，苏联又与美国进行了全方位的竞争，一度形成了美苏两个超级大国争霸的局面。

自 1639 年第五次《锁国令》颁布之日起，日本闭关锁国长达 200 多年，一直到 1853 年在美国炮舰政策的压力下才重新开放。1868 年，明治天皇上台，宣称用武力"拓万里波涛，布国威于四方"，大力发展海军。1874 年，日本侵略中国台湾，迈开了海外扩张第一步。1894—1895 年中日甲午战争，作为胜利一方的日本，从中国获得战争赔款和经济特权，海上实力更为加强。1904 年，日俄战争的胜利，让日本又从俄国人手中夺取了一系列特权。短短数十年，日本从一个落后挨打的小国变成了雄踞东亚的海洋强国。

在上述近代海洋大国的崛起过程中，我们不难发现，行之有效的海军战略以及准确到位的实践与执行，是海洋大国得以逐步腾飞的重要途径。然而，我们从中也能看到，这些海洋大国虽然在历史的某个阶段称雄于波涛之上，但是除了美国，其他海洋大国无不走向衰落。时至今日，已然难觅昔日的光辉。海上探索的先行者葡萄牙由于无法有效管理庞大的海外殖民地而不堪重负；接踵而至的西班牙又因为王朝纷乱与宗教战争而国力衰退；作为"海上马车夫"的荷兰由于过度依赖世界商贸市场而丧失了海上贸易的主动权，随后又在不列颠舰队的火炮下一败涂地；不可一世的"日不落帝国"也终究难以逃脱衰落的宿命，在接连两次世界大战的震荡中"日薄西山"；同样受累于战争的还有晚近崛起的东亚霸主日本，长期过度对外殖民战争的失利，让他们谋划已久的"东亚共荣圈"化作泡影。

面对这样的事实，我们不禁追问到底是什么原因使得这些曾经掌握地中海乃至世界话语权的海上帝国走向没落？是历史的必然抑或是主观能动的力所不及？

　　实际上，解开历史谜团的钥匙往往就隐藏在历史的脉络之中。回望过往，我们发现这些崛起的大国因为海洋而发迹，也因为海洋而没落。究其根本，就在于他们虽然在特定的历史时期提出了符合时代发展的海洋战略，但是他们常常忽视对于海洋战略空间的探索与展望。

　　"海洋战略空间"的概念，主要包括两个方面：其一，是明确的空间概念，也就是海洋战略实践的具体位置与基本方面；其二，则是对于现有海洋战略未来阶段的评估与把握。

　　本质上，海洋战略空间的具体内涵是指对现有海洋战略发展趋势的预测以及对未来海洋战略的谋篇规划，也是在海洋战略概念的基础上，强调其未来的广延性与伸张性。究其本源，它产生于现代海洋物质文化的基础上，既包括了在特定条件下对于海洋战略实施的时空定位，以及对当下海洋战略的有效评估与发展方向的基本推演，也包含了基于这些假设前提之下制定的应对措施和进一步的战略规划。如果说海洋战略是对于海洋未来发展的设计与探索，那么从某种程度上来看，海洋战略空间也就是对于未来进一步发展所进行的谋划。

　　俗话说"人无远虑，必有近忧"，如果我们把这个"远虑"视作"海洋战略"的话，那么"海洋战略空间"即为"远虑之远虑"。也就是说，它能够解决的问题将不仅仅是当下的"近忧"了，还包括将来很有可能出现的"远忧"。而我们都知道，对于未来海洋战略空间推演与探究的重要性，不亚于即时性海洋战略的制定与实施。

　　事实上，在对海洋战略空间进行展望与把握的同时，也就孕育出了不同时期的海洋战略。因此，在某种意义上，可以说海洋战略空间的研究是制定海洋战略的前提。此外，我们必须承认海洋战略往往是阶段性、时效性的，随着时代的瞬息万变，出现偏差、产生漏洞也在所难免，正所谓"失之毫厘，谬以千里"。更有甚者，常常会偏离历史的前进轨道，所造成的损失与困顿将是无法预估的，补救与恢复则需要付出数十年甚至上百年的代价。如果能够在这些问题出现之前，就有一个很好的危机预见与应对机制，那么后续海洋战略的实施也将会变得事半功倍。由此可见，海洋战略空间研究的重要性。

海洋战略空间的基本内容

海洋战略空间是海洋战略的空间表达以及可能预见的未来趋势。它的基本内容包括海洋经济战略空间、海洋科技战略空间、海洋环境战略空间和海洋安全战略空间四个方面。只有明晰了海洋战略空间的基本要素，才可以从宏观上把握其发展方向。

一、海洋经济战略空间

传统的海洋产业，即依托于海洋和海岸带的渔、盐、港口、航运等行业，在经济学中原依附于陆地一般经济中。第二次世界大战以后，随着海洋开发的深入，形成以海洋石油开发为重点的新兴海洋产业群，发达海洋国家开始从经济角度进行海洋的综合研究，与海洋有依存关系的经济便从一般经济中分化出来，整合成海洋经济。[①] 而关于"海洋经济"概念的提出，虽然自其诞生之日起至今已颇具年岁，但究竟如何确切地表述其基本内涵却经历了一个不短的过程。国内最早将其引入学界，源起于著名经济学家于光远、许涤新等人，他们在 1978 年全国哲学社会科学规划会议上，倡议建立海洋经济新学科，引发了一轮有关海洋经济研究的热潮。

早期明确著述并且定义海洋经济概念的则是杨金森先生，他认为"海洋经济是以海洋为活动场所和以海洋资源为开发对象的各种经济活动的总和"[②]，这一观念曾在一段时期成为主流，为包括蒋铁民、孙义福、何宗贵、孙斌和尹紫东等在内的一批相关学者所继承与发展。到了 20 世纪 90 年代末，徐质斌提出"海洋经济是活动场所、资源依托、销售或服务对象、区位选择和初级产品原料对海洋有特定依存关系的各种经济的总称"[③]的进一步解析，他的界定在处理对内涵的切入以外，还扩展到了其基本外延。然而，在很长一段时

---

① 杨国桢：《论海洋人文社会科学的兴起与学科建设》，载《中国经济史研究》，2007 年第 3 期，第 108 页。
② 杨金森：《发展海洋经济必须实行统筹兼顾的方针》，见《中国海洋经济研究》，北京：海洋出版社，1984 年，第 7 页。
③ 徐质斌：《建设海洋经济强国方略》，济南：泰山出版社，2000 年，第 53 页。

期，这一观点实际上并未被大众思维所接受，而是流于一家之言。杨国桢先生则在前人的研究中更进一步地将海洋经济的概念由经济学领域推及至历史学与文化学中，使其内涵更丰满，定位更多样。①

直到 21 世纪初，中国海洋经济统计公报才以国家权威的方式将海洋经济的基本概念固化，即"海洋经济，是开发、利用和保护海洋的各类产业活动以及与之相关联活动的总和"②。此外，《2006 年中国海洋经济统计公报》将海洋产业细化为海洋渔业、海洋油气业、海洋矿业、海洋盐业、海洋化工业、海洋生物医药业、海洋电力业、海水利用业、海洋船舶工业、海洋工程建筑业、海洋交通运输业、滨海旅游业等主要海洋产业以及海洋科研教育管理服务业，也可以视作海洋经济研究对象的重要参照。

在此基础之上，所谓的海洋经济战略的概念也就逐渐清晰起来，即在较长时期内，根据对海洋开发的各种条件、各种因素的估量，从关系海洋经济发展全局出发，考虑和制定关于海洋经济发展所要达到的目标，所要解决的重点，所要经过的阶段以及为实现上述要求所采取的力量部署和重大政策所致等。③ 它涉及海洋开发过程中带有全局性、长远性、根本性、重大性问题的谋划。

因此，制定海洋经济发展战略，既要从国情出发，又要考虑到世界海洋发展态势和海洋开发的总格局，充分注意到世界形势给本国海洋事业发展提供的有利条件和时机；既要考虑到海洋开发客观发展趋势的迫切需要，又要从经济效益的现实可行性出发；既要看到可能性，又要注意到经济性，把重大方面结合起来加以通盘考虑。可见，海洋经济战略是推动沿海地区经济发展的总蓝图，同时也是国家海洋经济发展的总方针。

那么，海洋经济战略空间概念，则可以说是在海洋经济战略基础上的更进一步，也是在既定的海洋经济战略中考虑其发展的具体空间与基本态势。

---

① 杨国桢：《论海洋人文社会科学的概念磨合》，载《厦门大学学报（哲学社会科学版）》，2000 年第 1 期，第 97－98 页。
② 国家海洋局：《2006 年中国海洋经济统计公报》。
③ 徐质斌：《中国海洋经济发展战略研究》，广州：广东经济出版社，2007 年，第 25 页。

此外，更重要的是还需要通过对一般经济规律的参考来把握海洋经济发展的可能性走向，并根据这一走势模拟出可能产生的经济构成、经济利益、经济形态和运作模式。

在这其中，经济构成指海洋经济具体的内部结构，比如由哪些成分组成，它们的内部关系和外部关系。经济利益既包括有形的生产、经营、管理所取得的经济利益和产值以及它们是如何分配和再生产的，又包括海洋经济活动所造成的无形资产，如海洋知识产权、海洋领土意识；既包括某一时期的现实海洋经济能力，又包括有待开发利用的潜在经济能力。经济形态是对某一发展阶段的静态分析，而运作模式则是一种动态分析。

此外，对于海洋经济发展所存在的风险进行评估与预警也是海洋经济战略空间研究的一项重点内容。海洋经济的发展与其他同类型经济一样，往往瞬息万变，只有站得更高、看得更远，才能够尽量避免在其发展过程中遇到困难与阻碍，从而让海洋经济的发展能够尽可能立于不败之地。

二、海洋科技战略空间

海洋科技发展推动着人类探索和开发利用海洋的脚步，海洋科技水平也决定着海洋产业的发展规模和水平，从世界范围来看，一个国家海洋经济的强弱很大程度上取决于海洋科技水平的高低。展望 21 世纪，海洋已然成为世界各国竞争的焦点，其领域内的竞争，无论是政治的、经济的还是军事的，归根结底都是科技的竞争。大力发展海洋科技，尤其是海洋高新科技，业已成为世界新技术革命的重要内容，受到许多国家的高度重视。

早在 1997 年，世界海洋委员会在一份报告中就曾把当前海洋科技发展面临的课题归结为四类[①]：其一，科学文化进步，包括揭示生命起源、人类起源（海洋人类学）的研究；其二，探索和开发海洋财富，包括生物资源开发（主要是渔业）、油气资源开发、海洋运输、能源利用、空间利用和旅游、海洋环境净化容量等；其三，生命支持系统研究和保护，包括海洋与气候、生物多样性、海洋健康和废物清除、防灾减灾等；其四，其他类，包括海洋管理、海

---

① 王平等：《现代海洋科技理论前沿与应用》，北京：电子工业出版社，2013 年，第 4 页。

洋经济学、伦理学、海岸科学、相关的培训和教育。

基于此，海洋科技战略的制定必须紧紧围绕着上述四类课题。总的来说，要从两个方面入手：即为解决全球性重大科学问题而实行的科学研究与为解决这些重大课题而必须拥有的关键公用技术。

就当下中国所实行的海洋科技战略，其战略重点应该具体包括以下七个方面内容：

（1）海洋生物技术。包括海洋生物优良品种开发技术、海洋农牧化技术、海水养殖病害防治技术和海洋生物制药技术等。

（2）海岸带环境资源可持续发展关键技术。内容有：重点开发海岸带脆弱性评价、海洋环境质量评价与污染防治、溢油动态数值预测、大规模养殖区有害赤潮发生机制及治理、城市污水离岸排放扩散模式及污水海洋处置工程对海洋环境和海洋生态系统影响评估、近海海洋灾害预测模型技术、湿地和红树林保护技术等。

（3）深海采矿技术。这是一项涉及诸多学科的高技术密集型产业，是一项极为复杂的系统工程，涉及海洋资源的勘探、采矿、选矿与冶炼方面的一系列复杂的技术问题。

（4）海洋油气勘探开发技术。针对中国海洋油气资源的特点，应重点开发数控成像测井技术、智能决策和生产控制技术、海洋钻井新技术、海洋新型采油装置技术、多相流油气开采技术、极浅海油气资源开发作业系统等。

（5）海水资源开发利用技术。解决沿海地区淡水资源紧缺的有效途径是以海水代替淡水作为城市工业冷却用水，发展海水淡化技术，实现对淡水的开源节流，此外还需发展从海水中提取钾、溴、锂、铀等化学元素的技术。

（6）传统海洋产业更新改造技术。在这方面，要重点开发应用自动化技术、电子信息技术、先进制造技术、计算机应用技术、节能降耗技术、新型能源技术和环保技术等。

（7）海洋信息技术。涉及海况、海洋环境及灾害的监测、分析、预报，海洋通信与导航、定位，海军侦察，海洋资料及情报管理等。

然而我们也都知道，科学技术的发展往往是一把双刃剑，一方面能够推动社会经济的大跨步前进；而另一方面，如果利用不慎，其所引发的破坏甚至危害也是巨大的，海洋科技更是如此。因此，在制定和实施海洋科技战略的同时，必须有预见性地对海洋科技战略空间有所把握，注重海洋科技发展的未来方向以及实际形式，即在制定海洋科技战略之际注重一定的原则与规范，将海洋科技战略的发展置于一定的空间范围之内。

具体来说，在海洋科技发展的模式上，要处理好科技与经济的关系和科技发展与产业发展的关系[1]；在海洋科技发展道路上，要处理好赶超世界先进水平与本国国情的关系；在海洋科技发展领域，要处理好用于海洋资源开发的科技和用于海洋资源保护的科技之间的关系，以及用于海洋经济建设的科技和用于海洋国防建设的科技之间的关系；在确定海洋科技发展项目时，要依据国家的可持续发展战略，坚持资源开发和资源保护并重，既要抓住重点，又要着眼于全局和未来；在海洋科技内部各部分、各环节上，要注意处理好发展海洋基础科学、应用科学和工程技术三者间的关系，坚持三者并重，互相衔接，协调发展。

三、海洋环境战略空间

海洋环境是影响人类生活与发展自然因素的地理区域总体。有学者将其定义为："人类赖以生存和发展的自然环境的一个重要组成部分，包括海洋水体、海底和海水表层上方的大气空间以及同海洋密切相关，并受到海洋影响的沿岸区域和河口区域。"[2]实际上，普遍而言，海洋环境战略的制定与实施很大程度上是对于所在海域的环境污染而言的，因此在对海洋环境战略分析之前，有必要先对海洋环境污染有一个认识和了解。

海洋环境污染是指人类直接或间接地向海洋排放超过海洋自净能力的物质或能量，使海洋环境的质量降低，对人类的生存与发展、生态系统和财产造成不利影响的现象。[3] 当然，一些自然过程产生的有害物质进入海洋也会造

① 王诗成：《海洋强国论》，北京：海洋出版社，2000 年，第 179 页。
② 倪轩、李鸣峰：《海洋环境保护法知识》，北京：中国经济出版社，1987 年，第 1 页。
③ 赵进平等：《通量监测区域治理近海污染监测新模式》，北京：海洋出版社，2013 年，第 1 页。

成海洋环境污染。由此可见，海洋环境污染本身是一个相对的概念，是相较于一个具体参考条件而言的，而海水污染是以没有污染的海水为参考条件的。

在没有人类影响与灾害作用的情况下，海水保持了一种自然的状态，生物和人类都在这种状态下生存和繁衍。在地球环境变迁的不同时期，海水的自然状态不一样。当然，所谓的自然状态也是不断变化的。在人类社会出现之后，人类活动不可避免地影响海水的结构，已经很难确定纯粹的海水自然状态了。

因此，所谓的"没有污染的海水"是难以找到的，"污染"的参考条件实际上是对人类基本无害的海水条件。换言之，污染的参考条件并不是自然存在的，而是人类确定的，人类可以根据环境对自己生存条件的影响和自己对环境变化的容忍程度确定一个参考条件，满足这个条件的就可以认为是没有污染的，可以作为环境质量的参考标准。

当代海洋环境中，引起国际社会特别关注的四个主要问题包括：沿海海平面上升、海岸侵蚀、海洋污染和海洋生态环境恶化。目前，世界海洋健康状况总的来说尚处于良好状态。但是也应该看到，海洋环境正在退化，尤其在某些近岸海域，海洋污染已相当严重，海洋健康状况正在恶化，海洋生态严重失衡。海洋生态环境恶化使得某些河口、海湾生态系统瓦解，甚至消失，海岸带与近海生物资源量和生态多样性降低，而且生态环境恶化也导致偶发灾害事故日渐增加。

由此之故，中国现行的海洋环境战略很大程度上依据当下海洋环境污染的基本状况，并且参考美国、加拿大、日本等海洋大国而进行制定，具体内容大致包括：第一，从技术领域切入，明确环境保护部门与其他涉海管理部门在海洋环境领域的业务工作界线；第二，明确国家层面的海洋环境战略，依据国家现有重大战略和规划，充分考量海洋环境的生态系统容量和发展需求，结合海洋发展的规划与需求，合理制定海洋环境战略，明确目标、时间表、路线图及基本原则；第三，完善海洋环境法律体系和制度建设，加大海洋环境执法力度。

从上述的政策布局中不难发现，该战略还是显得单薄且片面，比如海洋环境立法仍旧不够健全，而在海洋环境管理机制方面也显得还不够完善，空间的区位重点并不突出。此外，专业从事海洋环境保护的人才依旧非常短缺，更为重要的是树立全民海洋环境保护意识也还任重道远，但同时也存在着很大的发展与完善空间。可以说，这些都是海洋环境战略下一步的前进方向，同时也是海洋环境战略空间研究的根本努力之所在。

四、海洋安全战略空间

所谓的海洋安全，是指国家的海洋权益不受侵害或不遭遇风险的状态，也被称为"海上安保"或"海上安全"。而海上安全又可以分为传统海上安全和非传统海上安全两类。

传统海上安全主要为海上军事安全、海防安全，而海上军事入侵是最大的海上军事威胁。非传统海上安全主要为海上恐怖主义、海上非法活动（海盗行为）、海洋自然灾害、海洋污染和海洋生态恶化等。① 一般来说，传统海上安全问题有减少或消亡的趋势，而非传统海上安全问题有增加的趋势，所以维护海洋安全的重点是管理和控制非传统海上安全方面的海洋问题。

随着《联合国海洋法公约》的生效，其规范的专属经济区和大陆架制度，使相邻或相向国家间主张的海域重叠。所以，须在相关国家之间进行海域划界。而在最终缔结划界协议前，各方为强化对主张海域的管辖权，将采取相应的措施，这些措施因影响他国主张的权益，往往会发生冲突和摩擦。尤其是在相关国家之间存在岛屿领土争议问题时，相关的海洋问题争议就会显得尤为突出。即各国为发展社会经济，依赖海洋及其资源的力度和强度不断加大，海洋的重要性日益显现，相应的海洋问题争议因《联合国海洋法公约》的生效而不断加剧，从而产生层出不穷的海洋安全问题。

世界上沿海国家众多，各自的海洋安全情况也不尽相同。一些国家建国时间较长，海洋安全威胁多元，对海洋安全有深刻认识，筹划海洋安全的历史较为悠久；另一些国家建国历史较短，海洋安全威胁单一，对海洋安全的

---

① 金永明：《中国海洋安全战略研究》，载《国际展望》，2012 年第 4 期，第 3 页。

认识在相当长的时间里较为肤浅，重视海洋安全问题只是近些年的事。① 一些国家是典型的海洋国家，海洋安全几乎是国家安全的全部；另一些国家是典型的陆海复合型国家，海洋安全是国家安全的重要组成部分。

由此之故，各国间的海洋安全战略往往有所不同。当然，不能否认的是由于产生海洋安全问题的因素相对固定，因此海洋安全战略在某些方面也有共通之处：①发布海洋安全事务白皮书，明确国家在海洋安全事务中的职责和角色；②提高海军和海上执法力量的建设力度，为维护海洋利益提供安全保证；③出台新的海洋安全政策，加强对海洋安全事务的筹划和指导；④采取进取举措和实际行动，加大与其他国家的海洋权益争夺力度；等等。

海洋安全战略空间应该在普适性的海洋安全战略的基础之上，于时空上都有所拓展，这就需要在更为广泛的宽度与更为深刻的维度之内进行评估与决策。更为重要的是，针对实施当下海洋安全战略后可能出现的疏漏，及时提供应对的措施与预案，争取防患未然。只有这样，才可能令各自的海洋安全得以保证，同时也能让世界的海洋环境（自然与社会）趋向稳定。

21 世纪中国海洋战略空间

一、1949 年以来中国海洋战略的发展过程

中华人民共和国自成立以来，虽然面临国内外重重阻力的挑战，但对于海洋战略的探索却从未止步。正因如此，长期的历史经验为新时代海洋战略空间的开拓积累了宝贵的财富。回溯各个时期中国共产党领导下的海洋战略，将有助于我们以更好的维度认识和开拓未来的海洋战略空间。

（一）20 世纪 50—60 年代

由于"冷战"时期美苏的封锁，中华人民共和国自成立以来就一直被压制在大陆上，海洋空间被压缩到近岸海域，但这并不表明中国在海洋领域无所作为。1950 年 1 月 12 日，中国人民解放军海军司令部成立，作为解放军

---

① 冯梁：《业太主要国家海洋安全战略研究》，北京：世界知识出版社，2012 年。

的"一个战略决策机构，一个独立的军种"。1955 年 10 月，华东军区海军更名为"东海舰队"，中南军区海军更名为"南海舰队"。1960 年 8 月，组建"北海舰队"。

为了保住国家的独立和政权的稳固，求得继续发展，毛泽东主席从军事和国防的角度着眼，采取了"加强防卫，巩固海防"的"近岸防御"战略。从当时的实际情况看，中国的国力不强，工业水平不高，基本上只能制造近海小型海军舰船，且不具备向国外购置大舰的客观条件和财力。于是，1949 年后中国的战略注意力和国防资源长期放在陆地方向，虽然在客观上限制了中国向海洋方面的发展，但是这一战略是与当时中国海军力量的水平和海洋战略环境基本相适应的，并在一段时期内曾对海军装备发展起到过发展牵动作用。因此，实行近岸防御战略是合乎情理的，是中国领导人在特定的国内和国际环境下做出的合理的战略选择。

当然，中央政府也并未放缓开发和经略海洋的脚步。1949 年 10 月 25 日成立的海关总署，宣告了延续 95 年为洋员税务司所主宰的海关制度的结束，在全国范围内实现了海关关税及行政管理的独立自主。1950 年的 1 月 15 日，又成立"中国海洋湖沼学会"，并在 1953—1957 年间开展第一次大规模海洋渔场综合调查。1956 年"十二年海洋科学远景规划"出台，在此基础上成立了"国家科委海洋组"，于 1958 年 9 月进一步开展更大规模的海洋综合调查。1962 年，第二个"海洋科学远景规划"制定出炉，两年之后的 7 月 22 日，第二届全国人大常委会第 124 次会议批准成立国家海洋局。国家海洋局成立以后，根据国务院赋予的职责，按照为国防建设和国民经济服务的基本方针，积极开展各项工作，使我国海洋科研调查和监测预报服务工作取得了巨大的进步，在我国海洋事业发展史上翻开了崭新的一页，具有里程碑的意义。

(二)20 世纪 70 年代

中苏由盟友走向对抗，我国根据苏联迫在眉睫的威胁制定了积极防御的军事战略，再加上国力和装备的局限以及海洋观念的滞后，中国对海洋权益和岛屿主权的维护被迫居于次要地位。

周边海上邻国菲律宾、越南等自20世纪70年代开始陆续在西沙群岛、南沙群岛侵占我国岛礁、分割我国海域、掠夺我国资源，侵害我国海洋权益。针对上述行径，中国政府击退南越海军编队，并成功实施海陆协同登陆作战，一举收复西沙群岛，伸张了我国在南海的海权。此外，我国还多次发表声明，宣示对包括南沙在内的南海诸岛和海域的主权，并且希望通过友好协商的方式，公正、合理、友好地解决国际争端。

1972年3月，中国政府首次派出代表团出席联合国海底委员会会议。同年6月，开展了对渤海及北黄海部分海域的海洋污染调查，该调查活动一直持续到1978年，调查范围也扩展至上海、江苏、浙江、福建的近岸海域及沿海水域。1973年12月，中国政府开始派出代表团参加第三次联合国海洋法会议。1977年，中国加入联合国教科文组织政府间海洋学委员会。

(三)20世纪80年代

进入20世纪80年代以后，邓小平同志根据新时期我国国家发展战略的需要，适时地提出了以开放沿海地区、开发近海资源、开拓远洋公土为基本方针的海洋经济战略思想，以"精干""顶用"为目标的海军建设思想，以"近海防御"为主的海洋防卫战略思想，以"主权属我，搁置争议，共同开发"为内容的处理海洋争端的海洋政治战略思想。从而形成了自经济特区到沿海开放城市到经济开发区再到内地的全方位、多层次、多渠道的开放战略格局，为中国走向海洋奠定了基础。

同时，在大力发展海军力量的前提下，我国的防卫范围突破了近岸的局限，扩展到了近海。近海防御战略思想不仅将维护海洋权益置于显著地位，强调海上力量必须应对海上局部战争，而且要遏制外敌发动的侵略战争。1988年成功收复了永暑礁、华阳礁、东门礁等6个南沙岛礁，伸张了中国在南海的主权。另外，"主权属我，搁置争议，共同开发"的解决海洋争端思想，也为以后海洋争端的解决奠定了理论基础。

1980—1986年，开展"全国海岸带和海涂资源综合调查"。1983年3月，参加国际海底筹委会。5—7月，在北太平洋海域进行第一次多金属结核资源综合调查。同年6月，加入《南极条约》组织。1984年，制定《太平洋锰结核资源调查开发研究规划纲要(1986—1990)》。1985 年，我国海军舰只编队首次出访巴基斯坦、斯里兰卡和孟加拉国。1989 年，成立我国第一个厅局级地方海洋机构——海南省海洋局。

(四)20 世纪 90 年代

进入 20 世纪 90 年代后，我国的海洋战略环境虽然从总体上看是基本稳定的，但仍存在着一些不安全因素，特别是《联合国海洋法公约》中若干新的法律制度的确立，为我国主张管辖海区内权益争端的解决增加了一些新的复杂因素。

鉴于这种情况，以江泽民同志为核心的中国第三代领导人，根据"冷战"结束后世界海洋斗争的新特点，提出新时期我国的海洋战略，即要树立"新视野""大时空""高目标""全民族"的海洋战略意识；制定以"全方位开发""高效益利用""可持续"开发和利用海洋资源为宗旨的跨世纪海洋经济战略；在坚持"主权属我，搁置争议，共同开发"基本原则的基础上，坚持和平协商的基本方针，运用国际海洋法规等法律手段，"采用先易后难步骤"解决海洋权益争端的海洋政治战略；根据国家积极防御的军事防卫战略，采用"加大海洋防卫纵深""加强海上防卫力量"的海洋军事战略。

1991 年，全国沿海省市相继建立海洋管理机构。制定《九十年代我国海洋政策和工作纲要》。经国际海底管理局批准，中国大洋矿产资源研究开发协会登记为国际海底矿区先驱投资者。1992 年 2 月，颁布《中华人民共和国领海及毗连区法》。1996 年 3 月，《"九五"计划和 2010 年远景目标纲要》第一次把"加强海洋资源调查，开发海洋产业，保护海洋环境"列入国家长远发展战略性文件中。同月，我国当选国际海底管理局理事国。1998 年 6 月，颁布《中华人民共和国专属经济区和大陆架法》；10 月，成立中国海事局。1999 年 1 月，成立中国海监总队，下设北海海区总队、东海海区总队、南海海区总队。

(五)21 世纪以后

21 世纪以来，我国政府对海洋战略的发展规划有了新的认识，胡锦涛总书记在 2004 年中央人口资源环境工作座谈会上指出："开发海洋是推动我国经济社会发展的一项战略任务。要加强海洋调查评价和规划，全面推进海洋使用管理，加强海洋环境保护，促进海洋开发和经济发展。"

新世纪，海洋环境保护被提到与海洋发展同样的高度上来，《中华人民共和国海洋环境保护法》（以下简称《海洋环境保护法》）经第九届全国人大常务委员会第十三次会议修订通过后，于2000年4月1日开始实施。而为了更好地贯彻落实《海洋环境保护法》，中国第一部《海上污染事故应急计划》开始在全国范围内实施。2006年，国务院又发布了《防治海洋工程建设项目污染损害海洋环境管理条例》。

2010年1月，国家海洋局召开了首次海洋公益性行业科研专项工作会议。在提高海洋行业整体科技水平、促进科技兴海、发挥对海洋管理的科技支撑作用等方面取得了明显阶段性成效。2011年6月6日，国务院正式批准设立浙江舟山群岛新区，这是国务院批准的我国首个以海洋经济为主题的国家战略层面新区。2012年4月19日，经国务院批准，《全国海岛保护规划》由国家海洋局公布实施。2012年9月10日，中华人民共和国政府发表声明，公布了钓鱼岛及其附属岛屿的领海基线，5天之后，中国海岛网便受权发布钓鱼岛及其部分附属岛屿地理坐标和相关图件。

2014年1月8日，全国海洋经济调查领导小组第一次会议在北京召开，我国第一次全国范围的海洋经济调查正式启动。同年6月20日，国务院总理李克强访问希腊期间，在中希海洋合作论坛上发表了题为《努力建设和平合作和谐之海》的演讲，首次全面系统地阐述了中国海洋观，强调中国愿同世界各国一道，通过发展海洋事业带动经济发展、深化国际合作、促进世界和平，努力建设一个和平、合作、和谐的海洋。两个月之后，亚太经合组织（APEC）第四届海洋部长会议在厦门召开，这是我国在海洋领域主办的最高级别的国际会议。与前三届APEC海洋部长会议相比，本届会议参会代表团在层次、规模和人数上均创新纪录。会议通过了《厦门宣言》，分别就海洋生态环境保护和防灾减灾、海洋在粮食安全及相关贸易中的作用、海洋科技创新、蓝色经济等4个重点议题提出了倡议和主张。

2015年3月28日，经国务院授权，国家发展改革委、外交部、商务部联合发布了《推动共建丝绸之路经济带和21世纪海上丝绸之路的愿景与行动》（以下简称《愿景与行动》），从时代背景、共建原则、框架思路、合作重点、合作机制、中国各地方开放态势、中国积极行动、共创美好未来等8个方面，阐述了"一带一路"的主张与内涵，明确了共建"一带一路"的方向和任务。

8月20日，国务院印发《全国海洋主体功能区规划》，这是《全国主体功能区规划》的重要组成部分，是推进形成海洋主体功能区布局的基本依据，是海洋空间开发的基础性和约束性规划。旨在进一步优化海洋空间开发格局，提高海洋资源开发能力，发展海洋经济，保护海洋生态环境，维护国家海洋权益，对于实施海洋强国战略、扩大对外开放、推进生态文明建设、促进经济持续健康发展具有重要意义。

10月11日，第一次全国海洋经济调查试点启动会在广西北海市召开。此举标志着该调查工作进入实战阶段，涉海单位清查将全面展开。第一次全国海洋经济调查是国务院批准开展的一项重大的国情国力调查，是对我国海洋经济发展成果的全面检阅，摸清我国海洋经济的"家底"，实现海洋经济基础数据在全国、全行业的全覆盖和一致性，有效满足海洋经济统计分析、监测预警和评估决策等的信息需求，将为推进海洋强国建设提供更为科学、翔实的依据。

2016年1月22日，全国海洋工作会议在北京召开。会议强调"十三五"时期，要全面贯彻党的十八大和十八届三中、四中、五中全会精神，以习近平总书记系列重要讲话精神为指导，大力加强党的建设，按照"五位一体"总体布局和"四个全面"战略布局，在服从服务国民经济和社会发展大局中准确定位、主动作为。牢固树立创新、协调、绿色、开放、共享五大发展理念，推动海洋事业发展形成新动力、新格局、新途径、新空间和新成效。夯实经济富海、依法治海、生态管海、维权护海和能力强海五大体系，实施"蓝色海湾、南红北柳、生态岛礁、智慧海洋、雪龙探极、蛟龙探海"六项重点工程，奋力开创海洋强国建设新局面。

2月26日，十二届全国人大常委会表决通过了《中华人民共和国深海海底区域资源勘探开发法》，这是第一部规范中国公民、法人或者其他组织在国家管辖范围以外海域从事深海海底区域资源勘探、开发活动的法律。它的出台是我国法治海洋建设的重要内容，也是我国积极履行国际义务的重要体现，对我国海洋事业持续健康发展和人类和平利用深海海底区域资源具有重要意义。

此外，在 3 月的十二届全国人大四次会议上，还审查批准了《中华人民共和国国民经济和社会发展第十三个五年规划纲要》，首次以"拓展蓝色经济空间"等对海洋发展进行部署。"十三五规划"提出要坚持陆海统筹，发展海洋经济，科学开发海洋资源，保护海洋生态环境，维护海洋权益，建设海洋强国，从国家顶层设计上为今后我国海洋事业发展指明了方向。

2016 年 11 月 7 日，十二届全国人大常委会第二十四次会议表决通过了关于修改《海洋环境保护法》的决定。此次修改的《海洋环境保护法》，落实了党的十八大以来党中央、国务院对海洋生态环境保护的新要求，与新修订的《中华人民共和国环境保护法》等法律相衔接，加大了违法处罚力度，体现了行政审批"放管服"改革。

2017 年 5 月，国家发展改革委、国家海洋局联合印发《全国海洋经济发展"十三五"规划》，这是落实海洋强国战略和《中华人民共和国国民经济和社会发展第十三个五年规划纲要》战略部署的具体举措，是指导"十三五"时期我国海洋经济发展的重要行动纲领，确立了"十三五"时期海洋经济发展的基本思路、目标和主要任务，对于壮大海洋经济，拓展蓝色经济空间，提高海洋经济对国民经济的贡献，具有重要指导作用。

二、21 世纪中国海洋战略空间的意义

中国是一个大国，又是人口众多的国家，我国几乎所有的陆地资源储量的人均占有量都低于世界平均水平，我们必须向陆地之外寻找资源，开发海洋、经略海洋，已经成为我国向现代化进军中的一个重要举措。

未来中国海洋战略空间是打开现代化建设资源宝库的金钥匙。

海洋有着极其丰富的生物资源，是我们未来药品、食品的重要基地。海

洋生物达 20 多万种，给人类提供食物的能力是陆地的 1000 倍。我国每年可提供数千万吨水产品，其中可食用的海藻数量巨大，有 230 多种可用于制药。

海洋有储量庞大的化学资源，亦是我们未来的工业基地。就目前所知，海水中含有 80 多种化学元素，据理论推算，其中盐类总量约 5 亿亿吨、黄金 600 多万吨（相当于陆地储量的 170 倍）、银 5 亿吨（相当于陆地储量的 7000 多倍）、铀 45 亿吨（相当于陆地储量的 4000 倍），这些资源都等待我们去开发利用。

海底储量巨大的矿藏资源，是我们未来主要的原料基地。我国在近海大陆架已经发现 60 多个油气构造，总面积 100 万平方千米。其中渤海、北黄海、南黄海、东海、台西、台东、台东南、珠江口、琼东南、莺歌海、北部湾、中建岛西、巴拉望西北、曾母暗沙等油气盆地，储量大都在 100 亿～300 亿吨。由于这些丰富的海洋油气资源的存在，我国有可能在未来成为世界五大石油生产国之一。不仅如此，我国海域还有大量能提炼核能的锰结核，制造导弹火箭所需的钴结核，大陆架浅海区广泛分布有铁、铜、煤、铝、硫、磷、石灰石等矿藏，近海海域也分布有金、锆英石、钛铁矿、独居石、铬尖晶石等经济价值极高的砂矿。[1]

海洋有用之不竭的动力资源，是未来重要的能源基地。据有关报道，我国南海和东海发现有可燃冰存在。经测算，仅我国南海的可燃冰资源量就达 700 亿吨油当量，约相当于我国目前陆上油气资源量总数的 1/2。[2] 在当前世界油气资源逐渐枯竭的情况下，可燃冰的发现将为人类带来新的希望，与此同时，利用潮汐和波浪发电也已在世界上悄然兴起。

未来中国海洋战略空间是打通走向世界交流的黄金通道。

当今世界，各国或各地区之间的经济联系日益紧密，有专家、学者将这种国际大循环的经济称为"流体经济"，其主要通道有两个：一是以铁路交通为主的"大陆通道系统"；二是以海上航线为主的"海洋通道系统"。"海洋通道系统"具有航路四通八达、载重量大、安全性能好、成本较低等优越性。

---

① 沈佳强：《海洋社会哲学——哲学视阈下的海洋社会》，北京：海洋出版社，2010 年，第 178 页。
② 同①，第 179 页。

因此，可以说谁能在更大程度上利用"海洋通道系统"，谁就能从世界贸易中获得更多的好处；谁想成为真正的世界性大国，谁就必须充分运用"海洋通道系统"。

中国海域北通朝鲜海峡、对马海峡，东有巴士海峡、巴林塘海峡、巴布延海峡，南连马六甲海峡、巽他海峡、望加锡海峡，是我们面向太平洋、印度洋，与世界各国往来的战略通道。进入 21 世纪以后，我国对外贸易额已超过美国，跃居世界第一，由此出发的 39 条海运线承载了货物进出口量的 90% 以上。在可预见的未来，海洋已经成为我国未来发展的生命线。

沿海地区集中了全国 40% 以上的人口，其中大中城市占全国的 50% 以上，国民生产总值则达到全国 70% 以上。同时，沿海地区还是全国科技最发达、最密集的地区，是中国重要的工业基地和高新技术产业基地，沿海经济特区、开放城市及各种经济技术开发区形成的外向型经济格局已经初具规模。此外，以沿海设施为支撑，我国的海洋产业及依靠海运为主的进出口贸易额也逐年大幅度递增。可以说，"黄金海岸"已经成为中国未来生存与发展的战略依托。

按照《中华人民共和国领海及毗连区法》《中华人民共和国专属经济区和大陆架法》等我国相关法律以及《联合国海洋法公约》等相关国际法规定，我国约 300 万平方千米的主张管辖海域面积既是重要的国土、国防的屏障，也是未来海上反侵略战争的战场，极大地扩展了我国的战略纵深。其中，数以万计的海洋岛屿构成的前线岛链，更是一艘艘保家卫国的"不沉航空母舰"。他们将作为我国沿海地区的前沿战略哨所，进一步保护国家的领土，增加我国经济发展的安全系数。

可见，21 世纪中国海洋战略空间的探索，既是当下中国海洋战略的立足之本，也是未来中国能够屹立于世界强国之林的根本基石。

第二章

风起海外：国外海洋战略空间的发展过程

美国海洋战略空间

美国自成为世界第一大强国以来，经历了第二次世界大战和"冷战"的洗礼，依旧屹立不倒。究其根本，除了得天独厚的自然区位，长期以来行之有效的国家战略便是其维持超级大国地位的原因所在。而对于海洋空间的探索，亦是其国家战略中至关重要的一环。因此，回溯和讨论美国海洋战略空间，有助于我们更好地理解和借鉴海上强国的优势经验。

一、美国实践海洋战略空间的自然条件与国际博弈

美国位于北美洲南部，本土三面环海，西临太平洋，东濒大西洋，南接墨西哥湾，是因海洋而强盛的世界强国。

据统计，美国共有 26 000 余个岛屿，海岸线全长 22 680 千米，居世界第 4 位。① 美国专属经济区面积 1135 万平方千米，是世界上最大的专属经济区，比美国 50 个州的陆地面积还要大。其国内 50 个州中有 30 个州和 5 个联邦领地(如波多黎各、关岛和美属萨摩亚群岛等)划为沿海州，分为东南地区、东北地区、墨西哥湾地区、太平洋地区和五大湖区 5 个地区，而位于北美洲西北部的阿拉斯加州和太平洋中部的夏威夷远离美国本土。

美国是世界上海岸线较长的国家之一，其专属经济区内海域面积达 1166 万平方千米，优越的海洋地理环境为它由传统的海洋国家发展成为当今称霸全球的海洋强国创造了条件。海洋在美国政治和军事战略中占有重要地位，其社会经济的发展离不开海洋，同时海洋与美国人的生活息息相关。美国海洋界人士认为："美国人无论生活在平原，还是山区，无论生活在城市，还是海岸沿线的农村，都对海洋产生影响，也都受海洋的影响。"

对北美地区开发历史稍有涉猎的人都知道，美国在 1776 年独立后的最初 100 年内，领土几乎扩大了 10 倍。现在的联邦领地(如波多黎各和北马里亚纳)和海外领地(如关岛、美属萨摩亚群岛、美属维尔京群岛)都被划归为美国

---

① 石莉、林绍花、吴克勤等：《美国海洋问题研究》，北京：海洋出版社，2011 年，第 1-2 页。

领土，历史上的"圈海"运动也从未停止。

1945 年 9 月 28 日，美国总统杜鲁门发布和签署了两项公告与两项行政命令，宣称"在邻接美国海岸的公海海域建立渔业保护区，保护区内的捕鱼活动受美国监管和控制"，"邻接美国海岸的公海底下的大陆架底土和海床的自然资源属于且受美国管辖和控制"，史称《杜鲁门公告》（Truman Proclamations）。此公告反映了当时美国意欲扩大近海管辖权和维护海洋自由原则的双重目的。

此后，美国联邦政府又于 1953 年颁布《水下土地法》，该法规规定，沿海州拥有自基线向外延伸 3 海里区域的管辖权，此海域通常称为"沿海州水域"。但是，得克萨斯州、佛罗里达湾周边各州和波多黎各联邦领地却拥有 9 海里的海上管辖疆界，联邦政府在沿海州水域拥有商贸、航行、发电、国防和国际事务管理权。沿海州则拥有本州水域的水体、海底、海底地上及地下资源的管理、开发和出租等权利。该条法案所反映的美国民意正是公众所期待的各级政府担负起保护沿海湿地、水体和可通航水域水下土地及其娱乐、环境、科研、景观、文化遗产保护等方面的职责。

1958 年，经过多方的艰苦谈判，《大陆架公约》正式签署，从而确立了大陆架制度及其法律地位。由于美国不是《大陆架公约》的缔约国，因此几乎不受其限，所以一直到现在，美国在大西洋海岸、墨西哥湾、白令海和北冰洋等许多地方，大陆外缘的延伸超过了 200 海里。可见即使站在世界大多数国家的对立面上，美国在海洋战略空间上依旧我行我素，寸土必争。

到了 20 世纪 60 年代，美国首先启动了现代化海洋开发。1961 年，肯尼迪总统向世界宣布：为了生存，美国必须把"海洋作为开拓地"，海洋将成为美国财富的来源，从而加剧了世界海洋竞争。1976 年，美国国会颁布法律，效仿 200 海里专属经济区制度，建立美国 200 海里渔区制度。

1983 年，时任总统的里根宣布建立 200 海里的专属经济区制度，指出美国在面积达 1135 万平方千米的专属经济区中，拥有以勘探、开发、养护和管理海床、海床上覆水域及其底土的自然资源（包括生物资源和非生物资源）为目的的主权权利以及在该区域内从事经济性开发和勘探活动的主权权利。① 此外，美国一般不主张对水面或水下船舶通过、飞行器飞越或在海底铺设电缆和管道进行控制，也不主张将在美国专属经济区开展的海洋科学研究置于其管辖之下。需要补充说明的是，美国自建国以来，曾经一直是 3 海里领海的坚定拥护者，直到 1988 年，里根总统才依照《大陆架公约》的规定，宣布美国 12 海里的领海，享有其领海上空空间、水体、海床和底土的主权。

随着历史的发展，时至今日沿海国家的领海主张依旧有进一步扩大的趋势，而除了美国在内的少数国家支持不超过 12 海里的领海，约 144 个沿海国家主张要超越传统的 12 海里领海的限制。此外，美国也出于本国深海基因资源研究的实际需要，依据国际海洋法有关公海的条款，与国际组织和相关国家联合，呼吁联合国在接下来的一段时间，采取一致行动，禁止在公海使用底拖网，从而有效保护国家管辖范围以外区域的海隆、热液裂口、冷水珊瑚礁等脆弱的深海生态系统及深海基因资源。

二、美国海洋战略布局的历史起步与过程回望

在海洋发展战略实施过程中，美国是世界上制定海洋规划最早、同时也是最多的国家，这是美国海洋战略推进的重要特点。早在 1959 年，美国便出台了第一个军事海洋学规划——《海军海洋学十年规划》，并陆续制定了一系列海洋法律、政策与未来发展规划。比如，1963 年美国联邦科学技术委员会海洋学协调委员会制定《美国海洋学长期规划（1963—1972 年）》，1966 年美国国会通过《海洋资源与工程开发法》，1969 年美国海洋科学、工程和资源总统委员会提出《我们的国家和海洋——国家行动计划》。

在此之后，1986 年的《全国海洋科技发展规划》、1989 年的《沿岸海洋规划》、1990 年的《九十年代海洋科技发展报告》、1995 年的《海洋行星意识计划》以及《海洋战略发展规划（1995—2005 年）》《海洋地质规划（1997—2002 年）》《沿岸海洋监测规划（1998—2007 年）》《美国 21 世纪海洋工作议程》(1998 年)和《制定扩大海洋勘探的国家战略》等，都明确提出要保持和增强美

---

① 《联合国海洋法公约》第 56 条第 1 款（a）项。

国在海洋科技方面的领导地位。①

美国还于 1999 年进一步完善了国家海洋战略，并成立相关的国家咨询委员会，从法律上明确了海岸带经济和海洋经济的定义，确立了海洋经济的管理和评估制度，同年又在此基础上制订了国家海洋经济计划，旨在为国家提供一个范围广阔的、与现代经济以及社会信息相关的交流平台和机制，并对其后的海洋利益关系发展及趋势提供前瞻性预测。

2000 年 7 月，美国国会通过了《关于设立海洋政策委员会及其他目的的法令》（以下简称《海洋法令》）。根据该法令的具体措施，于 2001 年 7 月，成立了全国统一的海洋政策研究机构——国家海洋政策委员会，并陆续制定了《海洋立体观测系统计划》《21 世纪海洋发展战略规划》《2001—2003 年大型软科学研究计划》和《2003—2008 年及未来美国国家海洋和大气管理局科研战略规划：认识从海底到太阳表面的环境》等文件。

需要特别说明的是，在 2004 年 9 月 20 日，美国海洋政策委员会向总统和国会提交了名为《21 世纪海洋蓝图》的海洋政策报告，为美国接下来 10 年的海洋、海岸带和大湖区政策打下基础。

可以说，这是美国政府在 21 世纪对海洋管理政策进行了一次彻底的评估，在此基础上提出的建立国家海洋委员会等关键行动建议，标志着美国的海洋发展战略自此上升到了一个新高度。它的出台，为美国维持海洋经济利益，加强海洋及沿岸环境的保护，确立海洋勘察国家战略，提高海洋研究和教育水平等方面做出了全面部署，同时也为 21 世纪美国海洋事业描绘出了新的蓝图。

2004 年 12 月，时任美国总统的小布什发出行政命令，公布了《美国海洋行动计划》，并对落实《21 世纪海洋蓝图》提出具体措施。2007 年，联邦当局又在《21 世纪海洋蓝图》的基础上发布了《21 世纪海上力量合作战略》，被视为美国更为完整细致的一项海上力量发展战略。同年，在充分吸收与归纳海洋科技界、管理界、海洋产业界等各界对美国海洋经济发展的意见与观点后，

---

① 冯梁：《世界主要大国海洋经略、经验与历史启示》，南京：南京大学出版社，2015 年，第 7 页。

又于 2007 年年末提出《规划美国今后 10 年海洋科学事业：海洋研究优先计划和实施战略》，可谓短时间内的持续发力。

奥巴马总统上台之后，2009 年 6 月 12 日签署了关于制定美国海洋政策及其实施战略的备忘录，① 并部署编制海洋空间规划，要求采用全面、综合和基于生态系统的方法，既考虑海洋、海岸与大湖区资源的保护，又虑及经济活动、海洋资源利用者间的利益协调以及资源的可持续利用等诸多问题。

为了能够有效地实践海洋战略，美国还持续推出了以区域为基础的系列海洋规划，如《密西西比河口规划》《海岸带管理计划》《国家海洋保护区计划》《美国加利福尼亚州海洋资源管理规划》等，进一步丰富和完善美国的海洋规划体系，为此美国政府投入了大量资金以及人力与物力。

2010 年 7 月 19 日，奥巴马签署行政令，宣布美国海洋、海岸带和大湖区管理政策。至此，美国有了第一个全面管理海洋、海岸带与大湖区的国家政策。该政策的实施，有助于高效可持续利用海洋，从而为确保美国的经济利益，促进可持续发展，提高应对气候变化和环境变化带来的挑战的能力，以及提高对海洋、海岸带和大湖区的管理水平和为国家从海洋获取更大利益奠定了长久的基础。

2013 年，美国海洋政策委员会又正式公布了《国家海洋政策执行计划》，该计划在发布声明中指出，海洋与海岸为美国提供了数以百万的就业岗位，每年都会通过旅游业、海上游乐业、商业捕捞、海洋能源、航运以及其他经济活动创造数万亿美元的国家收入。

该计划提出，为应对海洋挑战，应给予州政府和地方政府更多参与联邦政府海洋决策的机会，使得联邦政府的海洋政策更为合理，节省纳税人资金以及提高海洋经济可持续发展能力。

此外，还需要特别关注的是，自 2008 年以来，奥巴马政府根据美国海上态势，将海洋军事战略调整为新的形态。

2010 年出台的《四年防务评估报告》评估了美国面临的国际安全形势，指

---

① 龚虹波：《海洋政策与海洋管理概论》，北京：海洋出版社，2015 年，第 115 页。

出美国面临的安全环境具有复杂性和不确定性：新兴大国的崛起，使全球政治、经济和军事力量的分布变得日益分散；先进技术门槛的降低，使美国失去了技术优势；大规模杀伤性武器的日益扩散；资源需求的日益增长；气候恶化的影响和新型疾病的出现；沿海地区快速的城市化进程以及众多地区在种族、文化和人口结构方面存在的紧张关系等趋势的相互作用可能引发甚至加剧未来冲突的可能性。报告重新定义了美国的全球角色，指出美国的国家利益在于整个国际体系的整体性、完整性和牢固性，任何试图改变现存国际体系的行为都是对美国的挑战。维护美国的安全利益、发展利益有利于促进对普世价值观的广泛尊重和推动国际合作的秩序。从报告中可以明显看出美国的意图，即维护现存世界秩序，加强美国的全球领导地位。

2011 年《国家军事战略报告》和 2012 年《维持美国的全球领导地位——21世纪国防的优先任务》两个文件，则充分地叙述了美国当局的海洋战略任务与方针，指出了美国海洋战略重心东移，由大西洋、中东地区逐渐向东亚地区倾斜，意在建设"太平洋世纪"。随后的一年中，美国频频在亚太地区动作，包括加强美国与亚太地区盟国和伙伴国之间的军事合作关系，增加在亚太地区的军事装备、提高技术水平和调整军力部署，增强在该地区的军事存在。

2014 年 3 月 4 日，美国国防部发布的新版《四年防务评估报告》，主要对美军的三大任务进行了详述，即保卫美国本土、维护世界和平及全球投送力量、美军如何实现转型三个方面。该报告系财政紧缩政策施行时期内，一个战略驱动和资源调整的过程，主要集中探讨国防部对未来的准备和努力的方向。

据统计，美国每年投入到海洋开发的预算超过 500 亿美元。对有利于海洋环境保护和可持续发展的开发项目和技术，政府更是给予了更大的倾斜力度。为进一步开发海洋资源，并且提振海洋经济，美国针对沿海旅游、沿海社区、水产养殖及渔业、生物工程、近海石油和天然气、河口区域、海洋和海岸带生态环境、海洋教育、海洋观测、海洋研究和海洋及海岸带探查等都制定了具体的行动策略。

此外，美国还针对海洋保险完善相应制度，将工程保险规定为海洋环境污染责任重要组成部分。要求承包商、分包商乃至咨询设计师，若涉及该险种却又未投保者，均不得获得工程合同，从而使得政府能够借助这些海洋保险措施，实现降低海洋污染物排放的目标，进而推进海洋经济理性发展。

同时，美国政府还通过完善海洋产业技术转让机制以加速海洋产业研发成果的产业化；调动各方面的积极性，推进海洋资源开发、服务和市场的建设；制定一系列海洋经济发展标准，力求在保护海洋环境前提下促进海洋经济可持续发展。

2017 年 4 月，特朗普刚刚上任不久，就签署了一项行政令，要求重新评估奥巴马政府颁布的大西洋、太平洋和北极水域钻探禁令以加大海洋油气开采力度。6 月，特朗普宣布美国退出《巴黎协定》，声称该气候协议以美国就业为代价，对美国不公平。作为全球第二大温室气体排放国，美国这一举动可能会加速全球气候变化带来的影响，不利于减缓海平面上升、减少洪涝干旱等灾害的发生。

2018 年 1 月，特朗普政府宣布解除海上钻探禁令，筹划从 2019 年起进行美国史上规模最大的油田租赁拍卖交易，在 5 年内开放 90% 的海上区块进行石油钻探，同时扭转奥巴马时期只开放 6% 的海上区块进行钻探的计划。3 月，特朗普在华盛顿美国环境保护局签署行政令，宣布暂停、撤销或评估多项奥巴马政府时期防止海洋、大气等环境污染，阻止温室气体排放的措施，同时放松美国对多种能源的开采限制，以创造更多就业岗位。

2018 年 6 月，美国总统特朗普签署了一项行政法令，宣布废除奥巴马政府时期"保护脆弱的海洋环境"的国家海洋管理政策，取而代之以"有效开发利用海洋资源，促进经济发展"的施政方针。特朗普表示，他正在致力于推翻前任政府创建的"极度官僚化"的海洋管理体制，并将专注于海洋经济发展和资源开发，以强化美国经济增长，保障国家能源安全，专注发展海洋产业，低调处理海洋保护。该法令指出，海洋、海岸和五大湖区关系着美国经济、社会的健康发展及其全球竞争力的提升。海洋产业为数以百万计的美国人提供了就业机会，有力地支撑了强大的国家经济；来自联邦水域的国内能源生产能够加强国家安全，减少美国对进口能源的依赖。

特朗普表示，出台该法令旨在保护美国的国家利益。他把重点放在推动美国海洋经济发展、促进海洋资源开发利用等方面，而对于海洋环境保护等内容几乎只字未提。特朗普称，新海洋政策的变化将确保各项法规和管理决策不妨碍相关工业对于海洋资源"负责任的使用"，要求行政管理部门和机构要积极参与、协调与海洋相关的各项活动，促进沿海社区经济开发和海洋产业的发展，以"解决数百万美国人的就业问题，推动海洋科技进步，方便美国商品运输，丰富休闲娱乐活动，加强美国能源安全"。该法令还规定，管理部门和机构要同海洋工业合作，促进海洋相关科技和知识的获取、传播及运用，为各级政府和其他海洋利益相关者提供决策、增加创业机会。特朗普在发布该行政命令时还表示，奥巴马政府成立的国家海洋政策委员会由多达 27 个联邦部门和机构组成，并下设 20 多个委员会及工作小组，他将裁撤这一"极度官僚化"的海洋管理机构，专注于促进海洋经济发展。

概以论之，自 19 世纪以来，美国之所以能逐步走向强大，与其在海洋发展战略方面一直走在世界前列有着密切关系。而 21 世纪初所制定的《21 世纪海洋蓝图》无疑是美国自 1969 年以来发布涉及海洋科学、工程和资源的类似报告中，关于国家海洋战略最为全面与彻底的表述。从这一层面上来看，《21世纪海洋蓝图》是重要纲领性文件，所表达的内涵已不仅限于文件本身，更为重要的是彰显了美国欲掀起一场世界范围的蓝色圈地运动的蓝图宣示，引领着美国系列海洋规划、政策及相应步骤的展开。

二、美国海洋战略空间解析——以"亚太再平衡"为中心

"亚太再平衡"战略是美国新时期海洋战略的重要部分，从其提出的内容以及实践的整个过程来看，与美国拓展海洋战略空间的内涵相契合，一方面它明确地定位了美国国家海洋战略的时空布局，而另一方面又体现了美国当局对未来很长一段时间海洋政策的规划性前瞻。因此，对美国"亚太再平衡"战略的深入剖析，可以为我们把握美国海洋战略空间提供很好的借鉴和例证。

（一）"亚太再平衡"战略的提出

奥巴马政府"亚太再平衡"战略的提出和实施是一个渐进的过程，战略的出台是循序渐进而又系统化的。从 2009 年 2 月到 2011 年 11 月，可以说是

"亚太再平衡"战略的酝酿阶段，或者说尚处于试探期或谋篇布局阶段，外界难以摸清其战略调整的全局构想。①

美国国务卿希拉里于2009年2月16日至22日先后访问了日本、印度尼西亚、韩国和中国，打破了多年来"先欧后亚"的惯例。在亚洲之行前夕于美国亚洲协会的讲话中，希拉里称："我希望通过我以国务卿身份首先访问亚洲来表明，我们需要太平洋彼岸的国家，就如同我们需要大西洋彼岸的强大伙伴一样。我们毕竟是一个跨大西洋大国，也是一个跨太平洋大国。"国务院发言人伍德在记者会上表示，希拉里第一站之所以选择亚洲是因为亚洲具有重大战略意义，而且在美国整个对外政策中日益重要。② 对希拉里访问的一般解读是，奥巴马政府要谋求在亚洲地区有所作为，其亚洲政策将要调整。

奥巴马政府2009年签署了《东南亚友好合作条约》，这是由东盟创始成员国确立的一个东南亚国家和平条约。这一尝试表明奥巴马政府早期就致力于该地区，并努力加强美国在该地区的影响力。2009年11月13日至19日，奥巴马访问日本、中国和韩国，并出席在新加坡举行的亚太经合组织领导人非正式会议。同时，美国还首次参加了东亚峰会。奥巴马在访问日本时发表演说，称自己是美国的"第一位太平洋总统"，强调美国与亚太地区的命运比以往任何时候都更紧密地联系在一起。

2010年1月，希拉里在夏威夷火奴鲁鲁的东西方中心发表题为《亚洲的地区性架构：原则与重点》的演讲，强调发展同亚太地区的关系是奥巴马政府对外政策的重点，美国的利益与前途与亚太地区紧密相连，美国在经济和战略上将继续发挥在该地区的领导作用，并第一次引人注目地提出美国要"重返亚太"。10月28日，希拉里在火奴鲁鲁就奥巴马政府的亚洲战略再次发表演说，对美国重返亚太的努力进行了回顾与展望，重申美国应在这一地区发挥"领导作用"。希拉里说，奥巴马政府上台21个月以来采取了"前沿部署"的外交策略，动用了各种外交资源，派遣高级外交官和发展援助人员到亚太地区"各个

① 孙哲：《亚太战略变局与中美新型大国关系》，北京：时事出版社，2012年，第46页。
② 赵学功：《当代美国外交》，北京：社会科学文献出版社，2012年，第225页。

角落、每个首都"去进行外交活动。

2011 年年底美国完成从伊拉克撤军，给奥巴马政府出台"亚太再平衡"战略提供了机遇，这一期间的标志性事件是奥巴马 2011 年 11 月的亚洲之行，正式宣告"亚太再平衡"战略的开启。

2011 年 11 月，国务卿希拉里在《外交政策》发表文章，称 21 世纪是美国的太平洋世纪，并指出"美国转向亚太工作将遵循六个关键的行动方针：加强双边安全联盟；深化与新兴大国的工作关系（包括中国）；参与区域性多边机构；扩大贸易和投资；打造一种有广泛基础的军事存在；促进民主和人权"。

奥巴马 2012 年的连任，为"亚太再平衡"进一步的精耕细作提供了深入推进的机会。2013 年 3 月 11 日，美国总统国家安全事务助理多尼隆在亚洲协会的演讲中，对奥巴马第二任期的亚太政策作了全面阐述。他说美国正在实施一项全面的多方位战略：加强盟国关系，深化与新兴国家的伙伴关系，与中国建立稳定、富有成效和建设性的关系，增强区域机制的权能，帮助建立能够保持共同繁荣的区域经济结构。

10 天以后，美国国务院民主、人权和劳工事务局副助理国务卿丹尼尔·贝尔在参议院对外关系委员会东亚和太平洋事务小组委员会听证会上的发言中指出，奥巴马政府的"再平衡"是美国外交政策中的一项明确且具有战略性的举措。"再平衡"提供一种机会，建设合作、信任和做出稳定预期的有韧性的相互关系，这将保护美国的利益，并有助于美国随时准备好应对未来的共同挑战。贝尔强调"再平衡"也将人权和民主进步作为一个目标。这预示着在奥巴马第二任期内，"亚太再平衡"将更加全面、平衡，不只是侧重于硬性的安全、军事部署和贸易协定问题，人权、民主的推进也将纳入范畴。

（二）"亚太再平衡"战略的具体内容

"亚太再平衡"战略是美国全球战略的一部分，也是奥巴马上台后，对于美国的国内外形势进行分析之后调整的结果。根据《2010 年美国国家安全战略报告》的论述，美国为了"实现我们所寻求的世界，必须应用战略手段来追求四大持久的国家利益"①，主要包括：

（1）安全，美国及其公民、盟友和伙伴的安全；

（2）繁荣，在开放的、促进机会和繁荣的国际经济体系中一个强大、创造力强和不断成长的美国经济；

（3）价值，在美国国内和国外尊重普世价值；

（4）国际秩序，由美国领导地位推进的、通过更好的合作促进和平、安全和机会以应对全球挑战的国际秩序。

美国"亚太再平衡"战略的实施也是为了实现这四个方面的利益而部署的，总的来看，美国的"亚太再平衡"战略主要在政治、经济与军事三个层面铺开。

1. 政治层面

美国全面加强与老盟友、新伙伴的关系，积极参与区内各种多边机构的活动。奥巴马上台后明显拉近了与日本、韩国、澳大利亚等传统盟友的关系，同时也拓展了与印度、新加坡、越南等国的关系。可见，美国已经不满足于在海上亚洲保持主导地位，向陆上亚洲进行渗透的外交部署也要向前推进。

希拉里曾指出，为适应不断变化的亚太形势，美国将遵循六个关键的行动方针：加强双边安全联盟；深化与新兴大国的工作关系（包括中国）；参与区域性多边机构；扩大贸易和投资；打造一种有广泛基础的军事存在；促进民主和人权。② 在东海，美国高调挺日，其"亚太再平衡"战略日益呈现出"离岸平衡"的特征，即构建和扩大其亚洲同盟体系服务于"亚太再平衡"的战略目标。

2014 年 4 月，奥巴马开启了亚洲之行。在 4 月下旬访日期间，他表示《美日安全条约》适用于钓鱼岛，支持日本解禁集体自卫权，强调所谓应对单方面改变地区现状的挑战。在南海，美国插手争端，试图用国际法打击中国的南海诉求。7 月 11 日，美国国务院助理国务卿帮办福克斯在美国知名智库举行

---

① 任知远：《2010 年美国国家安全战略报告（中文翻译版）》，中国网，http：//www.cetin.net.cn/cetin2/servlet/cetin/action/HtmDocumentAtion? baseid = 1&docno = 423398. 2010 – 6 – 11。

② ［美］希拉里：《美国的太平洋世纪》，转引自阮宗泽：《美国"亚太再平衡"战略前景分析》，载《世界经济与政治》，2014 年第 4 期，第 6 页。

的研讨会上提议"南海主权声索方冻结在有争议岛礁填海造地、施工建设、设立据点等改变现状的行为"。

2. 经济层面

美国对在亚洲"出口安全，收获赤字"的状况不满，一直想打开亚洲盟国的市场为美国产品寻求更多出路。为应对金融危机，奥巴马曾提出"出口倍增"计划，希望向亚洲出口更多产品增加国内的就业机会。为此美国采取了以下几个步骤：2011 年批准了与韩国的自贸协定；力推《跨太平洋伙伴关系协定》(TPP)，要在亚太地区打造一个"高质量和具有约束力"的经贸框架，这是一个排除中国的自由贸易协定，旨在掌控未来规则制定的主导权。

2013 年 3 月 11 日，时任美国安全事务助理的汤姆·多尼伦在亚洲协会发表演说，指出美国经济"再平衡"的核心就是"TPP"，称其"既是经济目标，同时也是战略目标"。[1] 显然，美国一方面想分享亚洲经济增长的红利，另一方面却又千方百计地把持亚太地区经贸机制安排的主动权，担心有朝一日大权旁落。

2014 年以来，美国带头炒作中国南海渔业新规、南海防空识别区，散布"中国海上威胁论"，希望通过国际舆论约束中国海上维权。美国通过提供巡逻船、资金等一些实质性措施帮助南海周边国家提高抗衡中国维权行动的能力。

3. 军事层面

这是美国的优势领域，也是美国"再平衡"战略上功夫下得最多、动作最迅速、影响最大的方面。正因如此，"再平衡"战略被涂上了厚厚的军事色彩。奥巴马政府上台后，寻求在亚太地区的军事部署"更广泛、更灵活、更持久"，在针对朝鲜保持军事遏制的同时，加强在东南亚、澳大利亚的军事存在，并通过培训与演习来增强其盟友及伙伴国的军事能力。

美国向来热衷于在亚洲展示肌肉，渲染亚洲地区的安全缺失，其目的是为威慑潜在对手，控制盟友，积极推销其战争产业与先进武器装备。亚太地区目前是美国武器的第一大客户。美国在太平洋地区军事演习的次数与规模

---

① 郭建平：《美国亚太战略调整与台海和平稳定问题研究》，北京：中共中央党校出版社，2014 年，第 15 页。

均不断扩大，实为军火博览会。日本、韩国等已争先恐后地签下不菲的订单。美国以"援助"或"销售"的方式，向"友好国家"提供武器，名利双收。

(三)"亚太再平衡"战略所体现的美国海洋战略空间思维

通过对"亚太再平衡"战略的阐释，我们可以发现，美国已然将海洋战略的重心定位于太平洋地区。一方面，美国谋求的是其在亚太地区的领导权，当前亚太地区的政治格局依然是"冷战"后以美国为中心的"一超多强"政治格局。不可否认，美国依然是当前唯一的"超级大国"，同时也是影响亚太政治格局的最大中心因子。而中国、日本、韩国、澳大利亚、俄罗斯和印度等国的力量对比，从某种程度上来说，决定着亚太地区政治格局的基本形态。在遭受了严重的国际金融危机之后，美国的国力出现了一定的衰退。而与此同时，中国、俄罗斯和印度等国的力量却在稳健增长。伴随着这些国家的力量增长，他们的国际地位和影响力不断增强，再加上亚太地区多边合作形式的兴起、区域一体化趋势进一步深化，美国处理亚太地区事务的能力以及在亚太地区的领导权逐渐被弱化，这让美国深感不安。因此，美国迫切需要调整亚太战略，打造一个由其主导的稳固的地区政治体系，以更好地控制亚洲及太平洋海域。当然，这个体系必然是由美国来主导，以其亚太的盟国为基石，并同时发展新的战略合作伙伴。

另一方面，美国渴望的是扩展其在亚太地区的经贸利益。作为美国"亚太再平衡"战略的重要一环，经贸合作是美国与亚太国家增进政治关系，促进经济发展的重要推手，也是美国海洋战略空间发展中最为关键的一个环节。美国国力的衰退已经是不争的事实，同时经济发展的涨幅受到制约的情状无法逆转，而同样遭受金融危机冲击的亚太地区却依然保持比较活跃的增长，显示出了旺盛的经济活力。

总而言之，美国加强与亚太国家的经贸合作是一个明智选择。通过"亚太再平衡"战略的实施，美国不仅深化了与亚太地区的经贸合作关系，以期达到恢复并重振美国经济的目的，并且通过对蕴含巨大潜力的亚太市场的海外投资，拓展了亚太地区的经贸利益，也为美国的经济发展找到了一条新的出路。

有学者指出，美国的"亚太再平衡"战略，实际上就是对其过去数十年

间海洋战略的一个重新布局，实质上就是对其本身海洋战略空间的新一轮
探索。①

美国战略界则认为，美国在 10 年反恐战争中耗费了过多的战略资源，使
美军在应对大国军事力量变化方面出现了弱点。就目前来看，非传统安全威
胁远不能与崛起大国的传统安全威胁相比，因为崛起大国日益强大的经济实
力会逐渐转化为军事能力，从而改变与美国的实力对比，从根本上动摇美国
的霸权地位和霸权秩序。世界舆论普遍认为，美国实施"亚太再平衡"战略与
中国近年来快速崛起、在亚太地区影响力大幅增加直接相关，该战略已对中
国与周边国家之间的地缘政治产生持续性的重大冲击。

俄罗斯海洋战略空间

俄罗斯在近代以来的数次崛起中，对于海洋空间的开拓一直是他们重点
关注的方面，而历史上在海洋战略上的失误也给予了他们不同程度的打击。
新时期的俄罗斯联邦，在克服了不同阶段的政策困境之后，在海洋战略空间
的拓展上焕发出了新的活力。

一、俄罗斯海洋战略空间的历史与地理

俄罗斯联邦，简称俄罗斯或俄联邦，地域跨越欧亚两个大洲，与欧亚多
个国家接壤，包括东南面的中国、蒙古和朝鲜等。俄罗斯陆地面积达 1710 万
平方千米，大陆岸线长约 3.8 万千米，既是世界上陆地国土面积最大的国家，
也是大陆岸线最长的国家。② 地理区位上，俄罗斯与 14 个海相邻：北临北冰
洋的挪威海、巴伦支海、白海、喀拉海、拉普捷夫海、东西伯利亚海和楚科
奇海，东濒太平洋的白令海、鄂霍次克海和日本海，与日本和美国隔海相望，
西连大西洋的波罗的海、黑海、里海和亚速海。

在 20 世纪中期的苏联时代，其远洋渔业、远洋运输、海洋科学考察和船

---

① 俞正樑：《美国亚太再平衡战略的再平衡》，载《国际观察》，2014 年第 4 期，第 24 页。
② 李双建：《主要沿海国家的海洋战略研究》，北京：海洋出版社，2014 年，第 161 页。

舶制造工业等海洋产业发展迅速，逐渐发展成为一个世界海洋强国。虽然1991年苏联解体后，俄罗斯未能继续拥有苏联超级大国的地位，但仍被国际社会承认是极具影响力的世界性大国。

从俄国第一位沙皇"雷帝"伊凡四世起，夺取出海口成为历代沙皇对外战争的主要目标。18世纪，沙俄走上了争夺世界霸权的道路，从那时起，海域和出海口在俄国的扩张战略中变得尤其重要。

彼得一世是沙俄海洋扩张史上里程碑式的人物。1700年，彼得发动历时21年的北方战争，夺取了波罗的海的出海口，实现了几代沙皇的梦想，而后，又在雅库茨克、鄂霍次克和彼得罗巴甫洛夫斯克建立三个港口和基地，将俄海军触角伸向太平洋。

到了叶卡捷琳娜二世执政时期，沙俄通过连续发动两次对土耳其的战争，至1783年正式把克里米亚并入沙俄版图，打通了进出黑海的通道，并在此基础上，获得了由黑海进入爱琴海和地中海的自由贸易权。其后，又通过三次瓜分波兰，夺取了从拉脱维亚经立陶宛、白俄罗斯、乌克兰至克里米亚的广大地区，巩固了在波罗的海与黑海两个出海口的统治地位。随着在克里米亚的战败，沙俄西进的计划受到了阻挠，不得不将侵略矛头转向东方，攫取了原本属于中国的库页岛和海参崴，打通了通向太平洋的出海口。接下来，沙俄又不断向中国东北地区扩张，并于1898年控制了大连湾和旅顺口，并以此为基地建立了太平洋舰队。

然而，沙俄的扩张野心与妄图在太平洋称霸的日本发生了严重的冲突，1905年俄国在日俄战争中失败，海军力量基本上被摧毁。随着第一次世界大战与十月革命的爆发，苏联诞生了，其海洋战略从此翻开了崭新的一页。

苏联建国之初由于需要稳固政权，主要致力于内政的建设，对于经略海洋仅仅流于局部，但一直把推动世界革命作为其远大目标。20世纪20年代，苏联建立海军时就确立了把具有远洋投放能力作为目标的战略。第二次世界大战后，苏联开始走上国际舞台与美国争夺世界的霸权。直到20世纪60年代以前，苏联的海军装备水平远逊于美国，因此，其海洋战略主要是进行近海防御，以保护本国的海洋权益。

1962 年，古巴导弹危机后，苏联当局更加注重海军的发展，并提出了"均衡发展理论"，认为只有均衡地发展海上力量，才能应付各种危机和战争，才能维持世界大国应有的国际地位。彼时正是赫鲁晓夫时期，该阶段的发展为后来苏联称霸海洋奠定了基础。

随着苏联实力的增强，苏联的海洋战略发生了从"近海防御"到"远洋进攻"的根本性转变。与此同时，在追求海洋强国地位的进程中，苏联既重视军事实力的建设，也重视对国际法的制定施加影响。1973 年 12 月开始召开的第三次联合国海洋法会议，历时 9 年，制定了《国际海洋法公约》。苏联在这次会议上积极维护自己作为世界海洋强国的权益，[①] 在很多问题上与美国联手制约发展中国家。

为适应海上霸权的需要，1976 年苏联海军总司令戈尔什科夫提出了"国家海上威力理论"，认为国家的海上威力就是"合理地结合起来的、保障对世界大洋进行科学研究、经济开发和保卫国家利益的各种物质手段的总和"[②]。在这一理论的指导下，苏联海军的发展达到了顶峰，成为能够在各大洋与美国进行对峙的世界第二大海军。彼时，苏联开始大力发展核潜艇装备，充分利用核技术提高海军在国家军事战略中的地位。苏联领导人勃列日涅夫推行全球扩张战略，加速国民经济军事化，也就为"远洋进攻"型海军战略的最终落实提供了极好的机遇。

然而，苏联超出实力的扩张导致了国内出现严重的政治经济危机。1985 年 3 月戈尔巴乔夫上台后放弃了世界革命的大目标，努力缓和与世界大国的关系，以便全力解决国内问题。苏联的军事战略也随之发生了重大转移，奉行"足够防御"战略，"全面收缩"成为这一时期的军事战略核心，由此苏联海军的作战指导思想再次发生巨大转变，由"远洋进攻"战略变为"攻势防御"战略。

苏联的突然解体使俄国长达 300 年的扩张所获得的地缘政治成果几乎化

---

① 　赵理海：《海洋法的新发展》，北京：北京大学出版社，1984 年，第 94－99 页。
② 　［苏］谢·格·戈尔什科夫：《国家海上威力》，房方译，北京：海洋出版社，1985 年，第 2 页。

为乌有。① 在地缘战略空间大幅压缩的同时，俄罗斯的出海通道也受到了极大的钳制。波罗的海三国的独立，使得俄罗斯在波罗的海只剩下了圣彼得堡、维堡和加里宁格勒三个港口；而在黑海，俄罗斯只剩下诺沃罗西斯克和图阿普谢两个港口，可见其海洋战略的施展空间被严重压缩。在地缘政治环境恶化的同时，俄罗斯国内形势不稳，国家实力下降，经济严重下滑，政治纷争严重，具体体现在海军装备得不到正常的维修和更换，先前那支远洋进攻型海军几乎只能在近岸担负防御任务。此时，俄罗斯的海洋战略可以说处于"休克"之中，其对"战略空间"的探索与发展更是无能为力。

不可否认的是，俄罗斯一直以来都是传统的海洋强国。苏联剧变的冲击和俄罗斯的衰退，让许多有识之士为国家的命运担忧。在各方的努力下，1997 年 1 月 17 日，叶利钦总统颁布了制定俄罗斯联邦世界海洋目标纲要的总统令。自此，俄罗斯开始谋划如何保持和增进俄罗斯海洋强国地位的战略与策略，俄海洋战略空间迎来了新一轮的发展。

自 2000 年普京担任总统以来，俄罗斯实现了社会的长期稳定，经济也由此得到了快速发展，国家实力有了较大提升，这些都为实现其海洋强国的战略目标提供了坚实的基础。随着实力的增强，俄罗斯的海洋战略越来越主动和积极，出台了许多战略性文件，也采取了许多扩大本国海洋利益的措施，这都标志着俄罗斯海洋战略进入了积极拓展海洋利益的新阶段。此外，为彰显在国际上的大国地位，俄罗斯近年来在亚太方向可谓行动频繁，海洋战略空间的新的开拓方向初现端倪，其在能源和军事方面也尤为引人关注：在高调宣称要建俄朝韩天然气管道后，又与越南签署协定合作开发南海的石油天然气，并与中国举行海上联合军事演习。

2011 年 4 月 26 日至 27 日，俄罗斯派代表参加了在新加坡召开的东盟与俄罗斯会议，参与探讨东盟各国与俄罗斯在贸易、能源领域的合作与发展问题。种种迹象表明，俄罗斯正不断向亚洲渗透其影响，已然把亚洲作为其凸显大国地位以及海洋战略存在的重要区域。

----

① 左凤荣：《俄罗斯：走向新型现代化之路》，北京：商务印书馆，2014 年，第 279 页。

2015 年 7 月 26 日，俄罗斯总统普京批准了《俄罗斯联邦海洋学说》(即 "新版海洋学说")。普京在讨论会议上强调："新版海洋学说"的主要目的是保证俄罗斯海洋政策能够得到完全、连贯和有效地执行，以维护国家利益。这对俄罗斯海军的未来和造船工业的发展，都是标志性事件。[①] "新版海洋学说"同时考虑到世界地缘政治局势的变化，尤其是已经改变的俄罗斯与北大西洋公约组织(以下简称"北约")的关系。此外，还指出了俄罗斯与印度和中国合作的必要性以及保障克里米亚运输航道通畅的重要性。

从追求的目的性来看，"新版海洋学说"的海洋战略仍是综合性的。俄罗斯在世界大洋要捍卫和追求的利益有：海上交通，包括发展海洋运输船队、建立破冰救援等专业船队、建设新的港口等；海洋资源利用，包括发展渔业、开发油气资源、发挥海上管道的作用等；进行海洋科研，对海洋的环境、资源和利用海洋的相关问题进行研究；发展海军和开展其他领域的海洋活动。在战略方向上，"新版海洋学说"涵盖世界各大洋。与上一版"海洋学说"不同的是，除大西洋、北极、太平洋、印度洋和里海外，还增加了南极，海洋的政策措施也更具体。[②]

总的来说，在俄罗斯追逐海洋强国地位的过程中，军事和外交手段是相互作用的，军事实力是保障海洋目标实现的基础。同时，俄罗斯也善于利用灵活的外交手段为实现自己的海洋目标创造良好的条件。在全球化加速发展的背景下，作为国家元首的普京重视与国际社会的合作，努力通过国际社会畅通的渠道谋求俄罗斯的权益，但军事威慑的手段并未减弱。

二、俄罗斯海洋强国视野下的海洋战略空间特点及内涵

"冷战"后，俄罗斯经过痛苦的嬗变，重新融入国际社会，逐渐步入正常国家的发展轨道。俄罗斯重新确立了"强国富民"战略，海洋战略的核心任务随之得以明确——建设海洋强国，促进国家经济发展。随着国家中心任务日

---

① 左凤荣、刘建：《俄罗斯海洋战略的新变化》，载《当代世界与社会主义》，2017 年第 1 期，第 134 页。
② 李大鹏：《新俄军事观察》，北京：新华出版社，2015 年。

益聚焦于经济建设和社会发展这两大方面，俄罗斯海洋战略权益维度呈不断拓展态势。

同时，在全球化加速发展的背景下，和平与发展已成为世界性的重要课题，俄罗斯海洋战略对抗性因素呈下降态势，一切以经济建设为中心，军事不再具有优先地位，优先使用外交和法律等手段按平等原则和平解决争端，以塑造和平稳定的外部环境。在这样的前提之下，俄罗斯的海洋战略空间呈现出与前几个世纪不尽相同的四个特点。

1. 海洋权益维度的全面拓展

走向海洋是世界强国共同的国家战略，当前俄罗斯国家战略是"强国"战略。在《千年之交的俄罗斯》中，普京指出，所谓"强国"就是"使俄罗斯成为世界上的一个发达、繁荣和伟大的国家"。为达到这一目标，普京多次强调："俄罗斯只有成为海洋强国，才能成为世界大国。"因此，俄罗斯在《2020 年前海洋学说》中强调："无论从空间和地理特点来看，还是从在国际和地区中的地位和作用来看，俄罗斯始终是世界海洋强国。"这是俄罗斯国家战略目标使然。

概括来讲，俄罗斯海洋战略是其国家战略的重要组成部分，其强国包含海洋强国应有之义，海洋强国是建设强大俄罗斯的有力支撑。[①] 而所谓海洋强国，就是有能力利用海洋获得较多国家利益的国家，这是海洋强国的核心。由此，俄罗斯的海洋强国战略，实质上就是以何种方式通过开发和利用海洋获得更多的国家利益的战略，其根本在于国家利益的界定。

当前俄罗斯最大的国家利益是经济建设和社会发展，其根本在于保持经济持续稳定的增长。为实现这一目标，俄罗斯海洋战略呈全面发展态势，权益维度极大拓展。如果进行系统的分析，则包括以下四个方面的内涵：第一，权益维度由传统安全领域拓展到国家发展范畴；第二，以发展海洋事业促进国家创新发展；第三，通过建设强大海军保障国家经济安全；第四，争夺重点海区战略利益。

----

① 高云：《俄罗斯海洋战略研究》，武汉：武汉大学，2013 年博士学位论文，第 194 页。

2. 国家海权建设的全面推进

世界早已进入新海权时代，以戈尔什科夫《国家海上威力》为标志，海权本身已向多元化方向发展，由海军力量为主拓展为海上军事力量、经济力量、科技力量和管理能力等结合的综合力量。[①] 苏联在这方面已有成功经验可循，俄罗斯经过转轨期的反向尝试已明确这是时代大势。因此，在普京主政后，重回国家海权道路，使之成为俄罗斯海洋战略的一个突出特点，充分体现了海洋战略中国家主体的宏观调控功能和制度资源优势在发展中的巨大作用。

（1）发挥国家管理协调职能，重启海洋事业。苏联解体后，国家处于混乱无序状态，海洋事业全面凋敝。为此，国家海权就成为海权发展的第一要务，俄罗斯海权发展面临重新奠基的问题，需要国家投入力量布局新的南方暖水港湾体系。同时，对原先并不是国家海洋战略重点的北方和远东沿海地区进行大规模开发改造，使之具备能承载俄罗斯新时期海权的重任。以国家的力量支持重启海洋事业，通过国家刺激来提供原动力，使海洋事业能够自身运转起来，恢复海洋经济的生机与活力。

（2）克服发展海权劣势，发展海洋事业。海洋事业的特点是强大的惯性、高度的资本密集性和最终产品的高附加值，特别是其回报周期长，在投资与回报之间存在巨大的时间差。基于这一特性，国家资本在其中发挥重要作用，而俄罗斯发展海权面临的诸多劣势，主要集中在地理与地缘两个方面。基于此，俄罗斯海洋战略空间的原则调整为，在完整统一的海上活动整体政策下，考虑到地缘政治形势的变化，五大区域方向："大西洋区域、北极海洋、太平洋方向、里海和印度洋各自的明确分工"[②]，使俄罗斯海洋潜力保持在与国家利益相适应的水平上。

（3）形成整体海洋体系合力，提升海洋事业活力。海洋事业涉及军事和民

[①] 杨金森：《海洋强国的经验教训与发展模式》，载《中国海洋经济评论》，2007 年第 1 期，第 110 页。

[②] 《2020 年前俄联邦海洋学说》（2001 年俄罗斯联邦总统批准），见左凤荣：《俄罗斯走向现代化之路》，北京：商务印书馆，2014 年，第 280 页。

事两大部类，包括船队、港口和船舶工业这三大基点，每一基点又能衍射出多种要素，基本覆盖了整个国民经济所有部类，需要国家、社会和个人的全面参与，以及国家各部门和社会各利益集团协调一致。当前俄罗斯已根据国家利益发展需求，将海洋战略重点转向北极和太平洋方向，开发北极资源，发展远东地区，融入亚太经济圈，对抗美国和北约压力，为俄罗斯在新世纪寻求新的战略空间和经济增长引擎。

（4）加强国家权威，发挥国家海权。基于叶利钦时代"软政府"所带来的一系列问题，普京上台后，提出强国战略构想，将加强国家权威作为其"俄罗斯思想"的核心。通过加强俄罗斯国家权威来推进国家的现代化建设，将是未来一段时期俄罗斯的主要发展形态。在这种情况下，俄罗斯国家海权意味将更加浓重，海洋事业的国家性将得到进一步强化，而海洋战略将作为国家战略的一个重要组成部分发挥更大的作用，战略空间布局也将不同以往。

3. 海洋战略服务国内需求

"国内目标高于国外目标，经济需求高于军事需求"[1]，这一方针是普京基于苏联解体的历史经验、"冷战"后国际政治格局和国内形势变化而对俄罗斯国家发展战略所做的基本判断。

具体而言，该项目标呈现出两个侧重点，即更加重视国内目标与一切以经济发展为中心。前者的提出，是基于长期以来，苏联把保障国家安全的基点放在一支强大的军队上，以意识形态为主线发展经济，无法满足人民的基本物质生活需求；而后者的进程已然颇具成效，近年来俄罗斯国家力量和资源将集中用于政治、经济和社会领域，通过这些领域的发展进步来确保俄罗斯的长治久安，解决内部、外部和跨境三种形式威胁。

虽然俄罗斯曾在某个时期大幅削减公共财政开支，以降低人民福利的办法来为军备建设让路，但俄罗斯并没有"重蹈苏联覆辙"的意愿。其军备建设的目标是，依托于俄罗斯最优质的军工资产快速实现国家的工业现代化，利用国防工业带动相关产业部门的发展，特别是促进高新技术产业的发展，使

---

① 郑羽：《新普京时代》，北京：经济出版社，2012年，第84页。

俄罗斯能够扩大在世界军民两用高科技产业中的份额，促进创新型经济的发展，为国家摆脱能源依赖型经济路径创造条件。

4. 以非军事手段解决争端

俄罗斯军事帝国主义传统根深蒂固。长期以来，俄罗斯在推行海洋战略时，都着眼于对抗的需求，以军事手段或武力威胁，一言不合便刀兵相向，这已成为俄罗斯国家发展和民族性格的重要组成部分。当代俄罗斯海洋战略已随时代变迁发生了根本性嬗变，由重"力"转向重"制"。

《2020年前海洋学说》曾为俄罗斯海洋战略确定了几条基本原则：一是海洋活动遵守国际法准则和俄罗斯相关国际条约；二是优先采取政治外交、经济、信息等非军事手段解决海上纠纷，消除俄罗斯国家海上安全威胁；三是保持必要海上军事潜力，必要时使用武力。

而在实际维护俄罗斯本国海洋权益、解决海洋争端时，也的确只把军事力量作为威慑手段来使用，着重通过运用外交和法律手段进行国际机制和法律调节来解决争端，极力淡化海洋战略的对抗色彩。随着全球化的深入发展，和平解决争端已成为国际社会的重要原则。俄罗斯为实现经济现代化的目标，极力保持一个和谐稳定的外部环境。

2013年版《俄罗斯联邦外交政策构想》明确提出："推行大力巩固国际和平、总体安全和稳定的方针，建立公正、民主的国际体系，坚持国际法至高无上的地位、发挥联合国的核心协调作用、建立国家间的平等伙伴关系。"[1]为此，俄罗斯极为重视国际机制和相关国际法律体系的建设，积极参与一般海事公约和国际组织，在海洋权益的争夺中重视利用国际法维护自身权益。

目前，俄罗斯已推动建立了里海五国委员会、北极理事会等排他性国际组织，并积极发挥这些合作机制的调节功能。俄罗斯强调在这些组织机构框架内协调解决相关问题，而解决依据则是国际法准则。如在北极划界问题上，俄罗斯就强调1982年《联合国海洋法公约》的权威性，率先向联合国大陆架界线委员会提交相关申请，在申请被驳回后继续搜集科学证据，并决定继续提

---

[1]　普京总统2013年2月12日批准《俄罗斯联邦外交政策构想》。

交主权要求。对于国际法暂时还无法确定的双边海洋权益争端，俄罗斯则采取双边协商解决的方法以和平方式达成一致。如 2010 年解决俄罗斯与乌克兰黑海舰队塞瓦斯托波尔港的租借问题，同年解决与挪威长达 40 年的巴伦支海海上争议区划界问题。

亚洲主要国家海洋战略空间

亚洲作为世界上疆域面积最为广袤的大洲，其对于世界海洋空间的影响必然不容小觑，而日本、韩国和印度作为近现代以来崛起的亚洲海洋强国，他们对于海洋空间的探寻既有共通之处，又具各自特色。总体而言，都是朝着积极的方向运行。因此，对于中国海洋战略空间的开拓亦有借鉴的意义。

一、日本海洋战略空间

日本是一个群岛国家，位于亚洲大陆的东部边缘地带，处在日本海、东海和西太平洋之间，岛陆国土总面积 37.7 万平方千米，海岸线总长约为 3.5 万千米，沿海拥有 510 平方千米的沙滩和沼泽、约 2000 平方千米的海藻养殖场、约 80 平方千米的珊瑚礁地带。

由于海洋资源丰富、陆地资源匮乏，日本的经济和社会生活高度依赖海洋，从古至今，一直就把海洋开发利用置于极其重要的战略位置上，历届政府的国策和经济发展目标都与海洋息息相关。

从地缘上来看，日本列岛构成一道由东北向西南延伸达 2400～3000 千米的岛弧线，环绕在韩国、朝鲜和中国东部沿海的正面上，使得海洋成为日本国土防卫的天然屏障。日本周围的宗谷海峡、津轻海峡和对马海峡是连接日本海和太平洋的三个关键路径。因此，日本也就扼守着东北亚陆权国家通向太平洋的重要通道，并被美国等国家视作桥头堡，地理位置十分重要，具有很大的战略价值，战略空间的意义更是非凡。除此以外，濒海岛国和资源小国的基本国情也使得日本十分重视对海洋的控制，以谋求更大的国际战略利益。

（一）当代日本海洋战略空间的发展演变历程

日本的国家海洋战略，在纵横捭阖的背后，实则是基于岛国的自然地理条件，延续其重视海防的历史传统。有学者认为，日本的海洋战略具有强烈的现实主义色彩与顶层设计的综合性，是国家身份与现实战略的有机结合，而其具体战略空间的发展演变历程也正是在这一思维下进行的。

从岛国心态到海洋国家，日本对海洋的重视由来已久，四面环海的岛国地理环境是其选择转身向海的现实依据。由于陆地资源严重贫乏，日本被迫依靠海军建立起海防体系，利用海洋向外发展，然而，其从四面环海的岛国转向海洋国家的国家定位，却发生在 20 世纪中后期。

自 20 世纪 60 年代开始，日本著名学者高坂正尧撰写的《海洋国家日本的构想》一文在日本社会引起强烈反响，这是日本海洋国家蓝图的最初设想。随后，日本政界、学界、社会团体等各种有关海洋安全与海洋开发的调研、研讨和著述不断出炉。到了 20 世纪 90 年代后期，在"陆主海从"和"海主陆从"两派思想的阵营对垒中，日本国内"海洋国家日本论"和"海洋亚洲论"等观点初具雏形。

2000 年，日本关于"海洋国家"的战略规划终于出台，其主要内涵体现了海洋战略空间的方向性转变。在此之前，日本对于自身的定位，还处在积极探索时期，强化海洋同盟（日美基轴）的基础、遏制中国，通过强化东盟的坚定性开拓建立东亚多元合作体制是其主要目标。而在此之后，日本从重海防的以"防"为主的岛国心态式的海洋空间区位部署，走向了更具综合性的海洋国家定位，试图成为与美结盟、立足东亚，建立合作体制的海洋联盟召集者与引领者，从"日美同盟"到联手亚太各国的国家海洋战略空间布局由此初步形成。近十多年来，这一战略思维对日本政府的外交活动产生巨大的影响，可见，日本当局正在逐步架构这一国际支撑体系。

目前，日本仍然有超过 90% 的进出口货物依赖于海洋运输，海洋经济贡献国内生产总值（GDP）的 50%，海洋产业发达。基于此，近年来日本尤其注重在法制规范、战略规划、体制保障、全民意识等方面全面提升其海洋国家实力，不断完善的海洋立法对涉海行为进行了有效规范。

2006 年 4 月，日本成立海洋基本法研究会，同年 12 月提交《海洋政策大纲——寻求新的海洋立国》《海洋基本法草案》。2007 年 4 月，日本参议院通过《海洋基本法》①：阐明了日本"海洋立国"的方针，以海洋与人类共存为基本原则，从基本法律的角度对海洋国家身份以明确定位，要求确保对国家所属海域的管理；加强对专属经济水域和大陆架的开发利用和管理；促进对海洋环境的保护和恢复；推动可持续发展和对海洋资源的合理利用；确保支持日本经济活动和日常生活的海洋运输；确保国家海洋安全；确保国家领海的完整和重大灾害的防范；更好地做好海岸带的开发和管理，推动海洋产业的发展；加强对海洋科学和技术研究的支持力度，通过海洋国民教育和科学研究提高全民的海洋意识；在国际海洋事务中发挥主导作用，并促进国际间的海洋合作。

2008 年，日本内阁会议又通过了《海洋基本计划》②，按照规定，每 5 年修订一次，以确保与时俱进。2013 年新修订的计划针对性强，结合国际海洋安全形势的变化，提出了加强海洋权益维护的措施。特别是在国家层面，日本高度重视统一主导、加强配合，并从管理体制上提供保障。

需要补充说明的是，日本自 2001 年行政机构改革后，海洋管辖涉及经济产业省等 8 个省厅，职能存在条块分割。此外，为统筹协调，日本设立了海洋权益相关阁僚会、海洋开发审议会等机制，制定统一规划，协调政策推进。

通过上述阐释我们可以发现，当代日本的海洋战略具有基于自然地理条件与地缘政治特点形成的历史传统，系海洋国家现实战略与身份塑造有机结合的产物，基本特色在于高度重视各部门之间的倾力合作；此外，在对海洋战略空间的探索上尤为瞩目，并且还具有海洋产业发达、海洋立法完备等特点。

（二）调整后的日本海洋战略空间对中国的影响

日本的海洋战略空间规划在 21 世纪调整后表现出了更为明确的战略指向性，其中，主要的针对对象很明显就是中国。

----

① 李景光、阎季惠：《主要国家和地区海洋战略与政策》，北京：海洋出版社，2015 年，第140 – 142 页。
② 同①，第142 – 145 页。

有人做过这样一段生动的评论："日本并没有成为一个类似于英国那样的海洋民族，而近乎是个'近海渔业民族'，他们的目光很少投向东面的大海，而总是注视着西面的大陆。"这句话表明，近代以来日本曾长期把中国视为假想敌，所以在对海洋战略空间进行把握的时候，遏制中国的发展就成为其重要内容。之所以会把中国作为战略对手，很大程度上是因为日本的海洋战略空间思维深受马汉的"海权论"影响，认为如果陆地上出现了一个排他性的强权大陆国家，这个国家独占资源，不与海洋国家进行贸易，那么海洋国家将无法生存，而且这个大陆国家还有可能开始侵略海洋国家。

日本将自身定位为海洋国家，而中国是一个海陆兼备国家，而且在很长一段时间里，陆地的发展都超越海洋，如果中国解决了台湾问题和南海的争端问题，海洋的发展将会变得异常迅猛。而这，也许会威胁到日本的海洋权益和海上安全，特别是他们对于海洋空间的开拓。因此，日本在海洋战略空间布局中，会一直把中国看做战略对手，也由此会对中国的发展特别是海洋战略的实施造成极大影响。

1. 为中国和平解决海洋争端提高了难度

在处理钓鱼岛问题上，日本屡次破坏中日之间关于钓鱼岛的"搁置"原则。通过将钓鱼岛灯塔收归国有，把钓鱼岛的管理权从民间收归政府等一系列手段，加强对钓鱼岛的实际控制，改变钓鱼岛及其附属岛屿是中国固有领土这一事实，达到逐步占有的目的。而我们都知道，钓鱼岛领土主权与东海海洋权益等问题是困扰中日关系的现实症结。自安倍晋三上台以来，竭力使"钓鱼岛问题"成为巩固日美同盟的重要议题之一。

在2013年的《外交蓝皮书》中，日本刻意渲染自身安全环境日趋严峻，直接或间接地强化"中国威胁论"，强调日本的领海、领土和领空"正面临着更多的威胁"，诬称中国对钓鱼岛的正当维权巡航是日本直接面临的安全问题。2014年的日本《外交蓝皮书》更是肆意抹黑中国划设"东海防空识别区"的正当性，无理指责中方"试图强行改变现状"，并肆意抹黑中国在钓鱼岛及附近海域的正当维权活动，遏制中国的意图十分明显。在大陆架划分问题上，日本各部门协调一致，加大投入，同时在政府和民间力量的配合下，不计成本地加紧对面积约有65万平方千米的大陆架展开调查。

而在东海油气田开发问题上，日本拒不接受"搁置争议，共同开发"这个由中方提出的善意主张，还向中国提出了一系列的无理要求，妄图获取中国在东海勘测和开采的有关数据。众所周知，中国的东海油气井处在日本单方面划出的、中方并不承认的其所谓"中间线"中方一侧。即便如此，日本还是提出了停止生产的无理要求，甚至发出了武力威胁。这些都不利于中日和平解决海洋争端。

2. 对中国的海洋安全构成极大威胁

冷战结束后，随着世界经济全球化的发展，国际形势整体趋向缓和。在此背景下，日本本应该更多地重视以经济、外交等非军事手段保障国家的安全，但日本却更多地强调军事手段在保障国家安全中的作用。[1] 近年，日本借口维护海上航线的安全，利用经济和技术上的优势，企图把势力渗透到包括马六甲海峡和巴士海峡在内的海上交通要冲，介入到这两个海峡的安全保障中去。与此同时，中国的石油进口和对外贸易超过90%都经由马六甲海峡，日本的这种做法很明显会对中国的航线安全以及海洋活动造成威胁。

另外，日本通过加强对钓鱼岛的实际控制，把其防卫的范围向冲绳西侧推进了超过300海里的距离。可以想见，如果接下来日方在钓鱼岛上建造一个前沿军事基地的话，将会对中国进出太平洋及管辖自身海域的安全造成极大的威胁。"冷战"后，日本采取了修改《日美防务合作指针》、加快突破军事立法速度等一系列措施，对防卫政策进行了大幅度的调整，不断突破军事力量壮大的各种制约，并利用一切可以利用的机会，寻找借口将军事力量派遣到海外。

"9·11"事件后，日本以"反恐"名义将驱逐舰派往印度洋为美国提供保障支援；伊拉克战争后，又借口援助伊拉克战后重建，在联合国框架之外将

---

① 孙成岗：《冷战后日本国家海洋安全战略研究》，北京：解放军出版社，2008年，第268页。

拥有重型装备的部队派往伊拉克。今后，随着"国际合作"成为自卫队固有的任务，可以想象日本将在"国际合作"的幌子下，更多地将自卫队派往其需要驻扎的地方。而日本的这些做法有可能会引发新一轮的军备竞赛，打破东亚地区的战略平衡，对周边诸国海洋空间的冲击也是不容小觑的。

2014年7月8日，安倍晋三访问澳大利亚并在议会发表演讲，表明要加强日澳海洋安全合作的针对性，试图通过强调日澳两国间的"特别关系"来制衡中国的正当海洋维权活动。安倍晋三在2013年年初访问东盟个别国家时，也曾发表了对东盟外交的五项原则，其中大有离间中国与东盟关系的嫌疑，力图在日美同盟机制框架下，加强与澳大利亚、菲律宾、韩国、印度和越南等国的安全合作，以多边形式配合美国"亚太再平衡"战略的实施，借此提升日本在亚太地区的地缘政治影响力。

3. 使中国解决台湾问题面临新的困难

台湾永远是中国的一部分，台湾问题是迟早要解决的，而且由于台湾的地理位置十分特殊，其战略意义亦不容忽视。

中国东部濒临太平洋，西处欧亚大陆，与其他国家相邻，太平洋的航线对中国的意义非常重大。自中华人民共和国成立以来，中国曾遭受美国连成的"岛链"封锁，处于"岛链"之中的有日本西海岸的诸多岛屿，有东南亚几个国家的岛屿，还有中国的台湾。而在这个"岛链"当中，台湾正是中国冲破封锁、走向太平洋的突破口。

台湾地理位置的特殊性，不仅是对于中国而言，之于日本也是如此。日本四面环海，国土稀少、资源短缺，可以说海洋在日本的国家发展中发挥着主导作用，如果海上航线被切断，其后果将是致命的。在日本的航线中有一条被称为"日本生命线"的西南航线，台湾海峡便是其咽喉。日本要想保证海上航线的安全，就必须重视台湾海峡。所以，日本百般阻挠中国海峡两岸的统一，支持台湾"不独""不统"，这样一方面能够维护日本海上运输的畅通，另一方面还能阻挠中国向太平洋发展。

对于中日两国而言，台湾海峡在海上交通的意义可谓重大。当下，日本为了阻止中国解决台湾问题，不仅加强了与台湾的经济合作和贸易往来，还做好了应对台湾海峡突发事件的准备，将国家的战略重点逐渐转向西南。

更有甚者，据相关报道，日本防卫厅2004年已经针对"台湾海峡危机"制订了详细的计划，并且明确规定了如果台湾海峡发生军事冲突，日本海上自卫队的潜艇可以攻击中国船只。[①] 台湾问题是中国的核心问题，同时也是关系到中日关系政治基础的敏感问题之一。

二、韩国海洋战略空间

（一）"亚洲巴尔干"海洋战略空间的区位优势与经济构成

韩国位于亚洲东侧的朝鲜半岛南部，地处北纬38°线以南，东邻日本海，西接黄海，南连朝鲜海峡，国土面积为99 237平方千米，拥有辽阔的领海，海域面积为国土面积的4倍，海岸线长2413千米，海岛约3200个，且大陆架面积广阔，拥有良好的渔场，韩国从海域获取食物、矿产、能源和空间的地理位置得天独厚。韩国人口约4485万人，人口密度达452人/平方千米，同时也是世界上人口密度较大的国家之一，陆地自然资源的贫乏使得韩国经济发展很大程度上依赖于海洋。由此，作为一个三面环海的半岛国家，韩国把海洋作为"本民族未来的生活海、生产海、生命海"[②]。

作为半岛国家，韩国方面一直坚持，海洋将取代陆地成为本国主要经济活动场所，并且要通过"蓝色革命"以海洋强国立足于世。由此，韩国政府非常重视海洋事业和海洋经济的发展，而其海洋战略空间的规划与发展就成为韩国国家战略中至关重要的一个组成部分。

朝鲜半岛北部与中国和俄罗斯接壤，东部濒临韩国东海，与邻国日本隔海相望。韩国的领海与太平洋最西部的海域交汇，除与大陆相连的半岛之外，韩国还拥有众多岛屿，其中最负盛名的当属素有"东方夏威夷"之称的济州岛。由于韩国连接太平洋和亚洲大陆，而东北亚地区又是世界上大国利益较量剧烈的地区之一，因此，韩国所处地缘战略位置十分重要，在历史上就是兵家必争之地，拥有"亚洲巴尔干"的称谓。

----

① 张卫娣等：《21世纪日本对外战略研究》，北京：军事科学出版社，2012年，第57页。
② 朱晓东等：《海洋资源概论》，北京：高等教育出版社，2005年，第151页。

韩国大部分地区濒临其本国东海和日本海，而这也是韩国进入太平洋的主要出海口。因此，从传统意义上来说，对于日本海的防御一直是韩国海事安全的重点海区，日本海对韩国的对外贸易、领土安全乃至国民经济稳定的发展，都具有举足轻重的作用。

韩国的西海与日本海通过朝鲜海峡相接，是沟通西海与日本海的唯一通道，是朝鲜半岛东、西海岸间的必经水道，战略地位极其显著。朝鲜海峡中的对马岛将海峡分割成东、西两大水道。西水道位于朝鲜半岛与对马岛之间，宽约 67 千米；东水道位于对马岛与日本的九州岛之间，宽约 98 千米。日、韩两国在沿岸均拥有主要港口和基地，韩国的工业重心也在东南沿海和西海岸两大地带。由此，东南沿海和西海岸对韩国在政治经济方面发展中的作用也是非常重要的。

韩国位于北太平洋渔场南边，渔业发展环境优越，海岸港湾深邃，海涂广阔，是发展海洋养殖业的天然场所。韩国海洋生态系统年生产力估计达到 10 亿美元。另据勘探，在靠近韩国东、西海岸上百海里的范围内，蕴藏着丰富的锰矿、石油、天然气、砂矿和盐类等矿产资源。此外，韩国还在日本海发现了储量巨大的天然气水合物。故而，韩国不断开发和利用海洋新能源，包括利用潮汐能、波浪能和海洋热能等发电。

1994 年 8 月，韩国已注册成为联合国国际海底矿产资源勘探开发的第七个先驱投资者。近年来，韩国经济发展很快，尤其是对外进出口贸易的发展更为迅猛，已成为国内经济发展的支柱，这便使得韩国对海上航运的依赖性越来越大，其活跃于世界各条航线上的船队日益繁忙，海运货物运量占贸易总量的 99.7%。目前，韩国拥有包括群山、木浦、釜山、浦项、济州和丽水等优良港在内的 28 个贸易港和 22 个沿岸港。而韩国造船工业长期名列世界前茅，2011 年造船订单量位居世界第一。目前，韩国已形成以海运、造船、水产和港湾工程四大支柱产业为主体的海洋经济体系。[①]

2013 年 2 月，随着新总统的上任，韩国海洋事业发展进入新的阶段。韩

---

① 李双建：《主要沿海国家的海洋战略研究》，北京：海洋出版社，2014 年，第 212 页。

国政府更加重视海洋事业发展，明确表明了全力推进海洋强国战略的决心和力度。韩国当局为迎合国内加强海洋综合管理、振兴海洋产业的呼声，重建了李明博总统时期被拆分的海洋水产部，同时提出了关于海洋发展的七大重点课题和一系列新思路、新政策、新举措，实施新的海洋政策，并决定向远洋进军，以此推动韩国海洋事业的快速发展。

韩国将脚步前进的方向重点放在海洋资源的开发和合理利用上，其海洋开发范围不仅是以往的本国管辖领域，还衍生到国际海洋资源开发层面的高度，对于战略空间的探索也到了一个新的高度。因此，从某种层面上来说，韩国新政府的核心海洋政策以及海洋发展战略具有良好的发展潜力。

（二）从《海洋韩国 21 世纪》战略看韩国的海洋战略空间导向

《海洋韩国 21 世纪》是韩国为迎接新千年海洋发展而制定并实施的战略。该战略考虑到海洋开发能力、技术力量要与国家的地位相适应，合理开发、利用、保护作为资源宝库的海洋，提高国民生活水平服务，对海洋发展前景进行展望。[①]

20 世纪末，韩国海洋水产部为了面对 21 世纪知识化、信息化、全球化的挑战，特别是为了应对海洋经济领域激烈竞争的基本情况以及海洋资源利用强度的增大、环境与开发的矛盾突出、海洋环境急剧恶化，对海洋政策及海洋产业发展战略进行了调整，制定了 21 世纪海洋发展战略，同时也提出海洋和水产部门长期发展的方向和战略目标。

基于创造有生命力的国土、发展以高科技为基础的海洋产业以及保持海洋资源的可持续开发这三大目标的前提，《海洋韩国 21 世纪》战略制定了七项内容。[②]

1. *海洋管理体制系统化*

通过海岸带综合管理计划，推进综合、系统的海岸带国土整合，将岛屿按不同类型进行个性化开发；建立近岸综合管理的信息化平台；通过对海域

---

① 周达军等：《海洋公共政策研究》，北京：海洋出版社，2009 年，第 225 页。
② 韩国水产部：《海洋韩国 21 世纪》，转引自刘洪滨：《韩国 21 世纪的海洋发展战略》，载《太平洋学报》，2007 年第 3 期，第 82 - 83 页。

的科学系统调查，实现与 200 海里相适应的海洋主权管理；推进和扩大远洋渔场及开拓海外养殖渔场，建立全球海运物流网，开拓南极及太平洋海洋基地等全球海洋基地建设。

2. 重视海洋生态环境的治理

加强污染源治理基础设施的建设、明确环境管理的海域并建立海洋环境恢复方案、建立海洋废弃物的收集与处理系统、规划基于环境容量选定的废弃物排放海域；建立科学的海洋环境影响评价体制，强化对有害化学物质的控制及系统管理；通过保护海洋环境的地区合作，努力实现海洋水质的立体管理，保护海洋生物的多样性，恢复海洋生态系统；建立可持续的滩涂保护和利用体制，开发赤潮警报及防治系统；系统分析及应对气候变化对海洋的影响；建立和实施国家海洋事故应急计划，开发油类污染的防除能力及技术；建立对海洋安全事故的有效管理体制，改进海洋污染影响评价及补偿制度；建立气象资料收集及预报体制，推进海洋事故综合预防管理体制的完善。

3. 推进高附加值海洋产业发展

支持海洋和水产中小型风险企业技术开发，探索海洋生物新品种及促进深海养殖业发展。实现尖端深海调查装备及海洋休闲装备国产化，开发未来高附加值"梦幻之船"及环境型船舶；开发利用海洋作为休息空间及生活场所的海洋建筑及探查装备，推进超高速海面水翼船开发、新一代电推进系统船舶开发、超高速滚装船开发、大型观光游览船开发、15 000 标准箱超大型集装箱船的开发、破冰海洋调查船设计和建造技术的开发、个人水上摩托的开发、6000 米深海无人潜艇的开发等；利用因特网的虚拟物流市场，建立海运港口综合物流信息网；通过建立海洋和水产综合信息系统，创造海洋和水产信息产业的高附加值；加强海洋科学研究基地建设及强化支援体系，强化实施韩国海洋资助计划；建立海洋观测与预报系统，健全海洋科学信息网络；推进国土前沿海洋观测基地建设，增强创造产业高附加值的科学技术力量。

4. 加快东北亚物流中心建设

引入港口公司制，改编港口管理体制，稳妥实施码头运营会社制；改善劳务供给体制，港口终端运营自动化，开发"U"字形沿岸物流快速通道，激活韩国船东互保协会的运营，成立与启动东北亚海运中心运营，努力增强海运、港口产业的竞争力。建设多功能超级港口、集装箱枢纽港，培育高附加值港口物流产业，建设综合物流园区，开发不同特性港湾，开发亲近环境的尖端港口建设技术，推进东北亚物流中心基地建设。扩建产地、消费地流通设施及直接交易基础设施，建设水产品流通信息设施和实施物流标准化，加强水产品收购及价格稳定职能，成立国际水产品交易中心，确保水产品安全管理，培育水产品加工产业及开发高质量水产食品，推进水产品流通、加工业的高附加值产业化。培育韩国不同类型的观光城市，建立国立海洋博物馆及地区海洋科学馆，振兴海洋休闲、体育产业，培育航海观光及海上宾馆产业，赶超发达国家亲水型的海洋文化空间。

5. 建立可持续发展的渔业生产基础

建立自律性渔业管理体制。为确保有效的资源管理制度，打击非法渔业，全面改造沿岸与近海渔业结构，建设海洋牧场，扩大陆地与海上综合养殖生产基地，成立水产资源培育中心；推进渔场净化事业，建立科学管理渔场所需的渔业综合信息系统，搞好资源管理与养殖渔业。推进多功能综合渔港开发，推进渔村文化、民俗与周围景观渔村的建设，发展观光产业；建立和扩大水产发展基金，搞活水产业渔民协会。引入应对灾害与事故的水产保险制度，建设有活力的现代化渔村。

6. 推进海洋矿物、能源、空间资源开发的商业化

通过太平洋深海底和专属经济区海洋矿物资源的开发以及海水淡化技术的应用，使海洋矿物、能源、空间资源商业化。开发无公害、洁净的潮汐、潮流及波浪能源，开发甲烷水合物等新一代能源，推进大陆架石油、天然气开发，促进海洋能源实用化。开发超大型海上建筑浮游技术、海底空间利用技术，推进海洋空间利用技术多元化。

7. 开展全方位海洋外交及加强与朝鲜的合作

设立海洋内阁会议及扩大国家间海洋合作。积极加入国际组织和公约，并加强活动，建立应对世界贸易组织（WTO）自由化的对应体系；创设东北亚

海洋合作机构，主动展开亚洲太平洋经济合作组织（APEC）海洋环境培训与教育等全球海洋外交；有步骤地扩大与朝鲜的海运、港口交流，搞活水产交流与合作，奠定与朝鲜的海洋科学共同研究基础，制定海洋和水产领域统一应对计划，推进双方海洋合作。

通过上述战略部署，韩国海洋战略空间的时空定位已然明晰，那就是注重以本国海域为中心，结合陆地与海洋，加强与东北亚地区海域合作与交流的同时，推动海洋产业各个维度的进步。

当然这仅仅是韩国海洋战略的一部分，根据《海洋韩国 21 世纪》的战略内容表述，实际上也就是韩国海洋战略空间的导向，到了 2030 年，韩国将计划成为世界五大洋的海洋强国，不仅要开发朝鲜半岛沿岸、专属经济水域及大陆架，还要扩大到包括太平洋、南极在内的五大洋，通过这样的全球海洋开发，树立海洋强国的国际地位。

对外，到 2030 年要经营 37 个海外渔场，在南北极、南太平洋等地启动资源开发前线基地等措施，保证拥有"日不落"的海洋开发领域。对内，到 2020 年，10% 以上居住在海岸带的家庭拥有游艇，进入"我的游艇"时代；到 2030 年，全国 40% 以上的人口生活、居住在蓝色海洋空间中，全国的海岸带变成舒适而安乐的国民生活空间和休息地。

2010 年正式开始锰结核、铁锰结壳等深海底矿物资源的商业性开发，在 2016 年由韩国海洋水产部利用管道等水上运输系统运输海底锰结核试验成功，该运输系统被命名为"阳光系统"，此次"阳光系统"成功运输 1/5 商用规模数量的锰结核，可谓意义重大。计划到 2030 年，年生产规模要达到 25 亿美元。而在 2010 年正式开始的生物工程的海洋新物质开发，预计到 2030 年其销售额要达到 40 万亿韩元。2010 年正式启动的海洋能源开发，也计划到 2030 年利用潮汐、海水温差等的发电容量达到 264 万千瓦。此外，预计到 2020 年左右能够开发大规模人工岛设施，到 2030 年能够建设人工海上城市。随着水产条件的变化，水产品生产从 1998 年的 295 万吨增加到 2030 年的 475 万吨，渔业人口从 1998 年的 32 万人减少到 2030 年的 26 万人，渔民收入从 1998 年的 1683 万韩元增加到 2030 年的 1 亿韩元，完成水产业的结构调整。

通过韩国新制订的相关战略计划，我们可以清晰地看到，韩国对于海洋资源上的维护已经不仅是维护本国周边的海域，还将目标放在了更为广阔的海洋领域。

在此基础上，韩国政府已于 2010 年 10 月制定了新的海洋经济发展规划，即《第二次海洋水产发展基本规划》，进一步提高海洋产业的规模和层次。根据这个计划，他们主要致力于利用国际海洋资源来发展本国的经济。同时，韩国在发展时不再仅注重短期的利益，更多的是看中长期的利益。2013—2015 年，韩国政府新总统上任后在提出一系列推进海洋发展的新思路、新举措的同时，基本上也延续了《韩国海洋 21 世纪》的发展目标，全力推进海洋强国战略，为在 2030 年实现既定规划打下坚实的基础。

三、印度海洋战略空间

印度是南亚大国，也是印度洋地区最大的海洋国家。印度海岸线长达 7500 千米，有 1200 多个岛屿，专属经济区面积超过 200 万平方千米。特殊的地理条件和经济利益使印度将海洋视作对其国家安全、经济发展和未来命运都具有深远意义的生命线。因此，印度政府十分重视海洋的开发利用和海军的建设发展。

（一）从陆地向海洋的主体战略空间转换

自 1947 年印度与巴基斯坦分治以来，印度对南亚的政策基点就是要成为次大陆政治的主导者。到 20 世纪 70 年代，印度通过帮助建立孟加拉国，强行吞并锡金，改变了南亚的政治版图，将目光投向海洋。

同样是在 20 世纪 70 年代，英国由于国内经济动荡，决定撤掉印度洋地区的海外军事基地。由此，印度洋一度成为英国全身而退之后的真空地带。印度当局政府认为应该抓住这一时机，将印度洋打造成为真正意义上的"印度之洋"；另一方面，1971 年 12 月第三次印巴战争爆发，这对印度海洋战略的构建产生了重要影响。

战争一开始，印度海军就集中包括中坚力量"维克兰特"号航母在内的优势兵力掌握制海权，有力地配合了地面部队的进攻，阻断了东巴基斯坦①、西巴基斯坦的海上联系和补给线，有力地保证了战略目标的实现。可是到了战争后期，美国派遣"企业"号核动力航母开赴孟加拉湾，以武力炫耀的方式向印度施压，迫使其停止战争行为，以免战局发展对西巴基斯坦不利。战争获胜与华盛顿的"炮舰外交"行为使印度政府深感应加快海上力量的发展，遏阻区外大国向印度洋扩展实力，以巩固自身在该地区的战略空间地位。

在机遇与挑战面前，推行积极进取的海洋战略，扩展海上利益的地理疆界是印度政府的政策首选。1984年，时任印度总理的拉吉夫·甘地就曾明确提出，印度人如果要掌握自己的命运，就必须完全控制周边海域，控制从阿拉伯海到孟加拉湾直至印度洋的数千平方千米的海域。在这样的理论指导之下，印度当局从提升海上战略利益出发，在大规模扩充海军的同时，积极扩大海上势力范围，充当所谓的"印度洋和平区"的棋手和"印度洋政治"的操盘手。

进入21世纪以来，在保护海洋利益、实施海洋战略方面，印度曾发布过三个基本文件：2004年的《印度海洋学说》(India Maritime Doctrine)、2007年的《自由使用海洋：印度海上军事战略》(Freedom to Use the Seas：India's Maritime Mlitary Strategy)和2006年的《海洋战略》(Maritime Strategy)。这三个文件共同勾勒出印度的"海洋战略空间构想"——向东将其活动范围扩大伸展到南海和太平洋边缘，向西穿过红海和苏伊士运河濒临地中海，向南将远洋兵力伸至印度洋最南端，甚至绕过好望角远达大西洋。②

战略分析家将其战略空间的发展方向总结为"东进""西出"和"南下"几个具体步骤。由于当下世界政治、经济中心正逐渐向太平洋和印度洋转移，"西出"对印度的重要性在下降，印度也就因势利导，对海洋战略空间的发展布局进行了调整。现阶段，印度海洋战略目标主要集中于"南下"和"东进"，即控

----

① 东巴基斯坦，曾经是巴基斯坦的一个省份，也是巴基斯坦自建国以来，唯一一个不与巴基斯坦主体部分（即西巴基斯坦）相接的飞地（东巴基斯坦和西巴基斯坦被印度隔开），设立于1955年到1971年期间。东巴基斯坦地区居民在宗教上多信奉伊斯兰教。旧为英属印度的一部分。印度和巴基斯坦分治时，东巴基斯坦选择加入巴基斯坦。1971年，东巴基斯坦独立为孟加拉国。
② 刘中民：《世界海洋政治与中国海洋发展战略》，北京：时事出版社，2009年，第340页。

制印度洋和东进太平洋。

（二）印度海洋战略空间主导目标——"南下"印度洋

全面掌控印度洋的海洋战略空间主导目标是印度最早的海洋战略，从历史追溯到未来发展，主要分为以下三个步骤。

第一步，保护海洋经济权益。印度洋对于印度的经济发展具有举足轻重的作用。1977年1月，印度当局实行《领海、大陆架专属经济区和其他海洋区域法》，将200海里之内的沿海水域划为印度的专属经济区，总面积达到201.34万平方千米。2007年5月出台的《印度海洋军事战略》中，针对日益重要的海上贸易和能源安全问题，进一步将事关海洋经济发展的周边海域划分为首要利益区和次要利益区。在海洋贸易安全日益重要的今天，从战略层面认识印度的海洋经济权益，并采取切实可行的政策手段是印度海洋战略的重点构成。

第二步，控制海上战略要地和交通线。印度把海上战略要地与交通线视为海权的基本要素之一，可以说谁控制了印度洋的交通线，谁就在战略上取得了主动。因此，控制进出印度洋的马六甲海峡、曼德海峡和霍尔木兹海峡、保克海峡、苏伊士运河、好望角变得尤为重要。在21世纪印度的海上战略空间布局中，除了上述传统的重要战略支点，位于印度洋西南的阿加莱加群岛等战略要地也被印度视为掌控印度洋最有效的战略支点。

第三步，遏止区外大国对印度洋地区事务的介入。印度海军中将班格拉曾表示，印度要建立强大的海上力量威慑和阻止外来干涉，"应当在自己的利益区域显示自己的存在，监视外来者的一举一动，从而保证它们不会做出违背和损害印度国家利益的事情"[1]。随着印度洋战略地位的提升，印度决心以强大的海上力量遏止区外大国干预印度洋地区事务。

此外，近些年国内经济快速的发展也为印度发展海上力量提供了坚实的基础，莫迪上任后就提出了"印度制造"计划，将改革聚焦于加强基础设施建设、加快制造业发展和改善外商投资环境三个方面。2014年，印度的经济增

---

[1] 张威：《印度海洋战略析论》，载《东南亚南亚研究》，2009年第4期，第17页。

长率赶上了中国，达到 7.4%。2017 年印度经济增长率超过 7.5%，2018 年的第一季度，据称已经高达 7.7%。除了经济增长率领衔全球这一亮点，印度经济的通胀指标也处于安全区且汇率相对稳定。在莫迪的领导下，印度正在向"全球领导者"的大国目标迈进。

对于印度主导印度洋的战略目标和雄心，有美国海洋战略学者表示，"印度的行为和意图与美国崛起早期阶段在北美和西半球的所作所为非常相似。在整个 19 世纪，美国的外交政策只有一个压倒性的目标：在西半球取得主导地位"；还有学者表示，"一个崛起的印度将会成为南亚和印度洋地区的霸权国，成为中东、中亚和东南亚地区的重要大国。假定条件不变的话，一个崛起的印度将会像自拿破仑时代以来所有崛起大国那样谋求地区霸权，长期目标是在亚洲甚至全球取得大国地位"①。

（三）印度海洋战略空间发展目标——"东进"太平洋

长期以来，印度的海洋战略目标都集中在印度洋，对太平洋关注不多。随着国际环境的变化、印度综合实力的提升以及中国不断进入印度洋，印度逐渐开始重视太平洋特别是南海在其海洋战略中的地位，这种转变发生于 20 世纪末和 21 世纪初。

1998 年 10 月，印度海军派出了以新型的"德里"号导弹驱逐舰为旗舰的特混舰队，由印度洋经马六甲海峡进入南海，访问了新加坡、越南等国，并于 11 月首次参加了在韩国举行的"98 国际海军展"。这是印度新型导弹驱逐舰首次驶入南海，其政治意义和军事意义都不容小觑。英国《简氏防务周刊》资深记者贝迪评论说："印度海军进入南中国海是一个大胆举措，说明印度正在走出传统的势力范围，进行新的、危险的尝试。"②

此后，印度海军与南海和西太平洋沿岸国家以及美国频繁进行军舰互访、人员交流、军事演习等活动。与之相应的是，印度官方文件也开始频频提起太平洋。2000 年，时任印度国防部长的费尔南德斯表示："印度的海洋利益

----

① Don Berlin, "The Rise of India and the India Ocean", Journal of the India Ocean Region, Vol7, No. 1, June 2011, P. 7.

② 赵小卓：《南亚雄狮——印度军事力量透视》，上海：华东师范大学出版社，2002 年，第 40 页。

区从阿拉伯海北部一直延伸到南中国海。"①《印度海洋学说》（2004年）和《自由使用海洋——印度海上军事战略》（2007年）也都将印度海军的战略利益区扩大到南海。不仅如此，从2009年开始，印度国防部年度报告也把海军活动范围从原来的印度洋地区扩大到包括南海在内的西太平洋。

印度"东进"太平洋的目的有三：

一是平衡中国。一方面通过向中国施压以缓解印度在中印边界地区的压力，使中印边界问题的解决朝着有利于印度的方向发展；另一方面排斥中国在印度洋的活动，而印度尤为看重后者。

二是扩展影响。由于实力不济，印度一直无法实现成为亚洲核心的战略目标，而随着世界政治、经济中心向亚太地区转移以及印度综合实力的大幅提升，印度希望能在太平洋，尤其是南海区域——进出印度洋的门户、连接印度洋和太平洋航线的要冲扩展影响。

三是保护运输线安全。印度与中国、日本、俄罗斯远东地区的贸易以及在萨哈林油气田获得的能源都要通过南海和马六甲海峡运输，因此对从太平洋到印度洋的运输线安全方面切实关切。

总之，南下主导印度洋和东进发展太平洋是印度海洋战略空间的两大核心目标布局，也可称之为印度的"两洋战略"。而主导印度洋占主要地位，东进太平洋居于发展从属地位，两个目标相辅相成，可谓明晰的海洋战略时空定位。就现阶段而言，尽管印度已在南海展开了平衡中国的行动，但其主要精力仍集中在印度洋。

西欧主要国家海洋战略空间

西欧的海洋强国以英国、法国为代表，他们一度活跃于世界的各个海域，积极开拓自己的殖民空间，也曾因为海洋战略空间的发展不利而不堪重负。在进入21世纪以后，他们纷纷出台了符合本国国情的海洋战略，为探索新的

---

① 时宏远：《印度的海洋强国梦》，载《国际问题研究》，2013年第3期，第113页。

海洋空间而不断努力。

一、英国海洋战略空间

（一）以"海上争霸"为主的海洋战略空间拓展方式回眸

英国是大西洋上的一个岛国，由大不列颠岛、北爱尔兰岛及周围诸多小岛组成，面积 24.41 万平方千米，海岸线长 11 450 千米，专属经济区面积为 52 万平方千米。得天独厚的海洋环境，造就了英国极为丰富的海洋资源，与此同时，作为一个西北欧的岛国，英国严重依赖国际贸易，自古以来以发达的海运业和制造业领先于世界，海洋对于英国的国家利益至关重要。此外，英国大约有 30% 的人口居住在距海岸 10 千米以内的沿海地带。因此，自建国以来英国就十分重视海洋的作用及其战略意义。

英国人是近代以来长达 4 个世纪的海上巨人，这段历史时至今日依然令不列颠的民众倍感骄傲。在这 400 多年漫长的历程中，英国的海洋战略经历了海外贸易立国战略、称霸海洋战略、维持海上霸主地位战略、区域海洋战略几个阶段，海洋战略空间也一步一步地由小及大，影响范围几乎容括了大半个地球，然而通过海上征战取得霸权的基本方式却贯穿始末。

历史上，英国的海军并非从来就有，统治者的海权意识也要追溯到近代。在不列颠成为完全意义上的民族国家之前，英国统治者实际上对欧洲大陆的关注远远超过了海洋。早期的英国统治者大多来自欧洲大陆，这种"大陆情结"决定了早期英国在国防上，需要的是一个强大的陆上防御力量和能参与欧洲战场的陆军部队，海上力量主要是满足于渡海并向大陆战场输送作战部队，在整个防御力量中只是一个小小的配角。

英法的百年战争，为英国海军的发展提供了巨大的契机。为了在欧洲大陆作战，英国必须从海上运输成千上万的人力和马匹以及各种形式的武器、补给和装备，船只在这一过程中起到了无可替代的作用。到了战争后期，国王亨利五世为了对法国作战而保存了一支拥有 300 ~ 1000 吨的大型船只 4 艘，中等船只 10 艘，小型船只 14 艘的强大的皇家舰队。[①] 百年战争最终以英国的

----

① 阎照祥：《英国史》，北京：人民出版社，2003 年，第 119 页。

失败告终，英格兰不得不退出欧洲。战败的英国人于是把目标从陆上转移到海上，向海洋进军、探索海洋、发展海外贸易、拓展海外殖民地成了英国的国策，[①] 这也可以说是世界上早期的对海洋战略空间的探索。

15 世纪末地理大发现和新航路的开辟，给世界各国海上力量的发展带来了新的挑战和机遇。早期殖民国家西班牙、葡萄牙的海上探险活动带来了丰富的资金和广阔的殖民地，这也促使英国统治者开发并重视本国海上力量的建设，海洋战略被提到了一个前所未有的高度。对西班牙战争的胜利奠定了英格兰未来在海洋大展宏图的基础，也令英国政府深知只有通过战争称霸海上，其海洋战略才能够顺利实践，在此基础上的海洋战略空间也才有足够的施展余地。

17 世纪中期，英国又与有着"海上马车夫"之称的荷兰进行了一系列的海上争锋。由于英国有着明确的海洋发展战略，并且对自身的战略空间有着清晰的规划，当时缺乏长远眼光的"荷兰舰队"被彻底击溃。从此，荷兰丧失了海上霸主地位，英国的海上霸权初步确立。

此后，与英国争夺海上霸权的是法国。从 1690 年法国与英国海军在比奇赫德湾发生的海战算起，到 1805 年的特拉法尔加海战，英国打败了法国海军，同时也打破了拿破仑海上争霸之梦，最终确立了英国的海上霸权。

从 1805 年至 1914 年第一次世界大战开始，英国的海上霸主地位保持了 109 年，建立了"日不落帝国"。

（二）第二次世界大战结束以后英国海洋战略空间发展的两个层次

1. 英美海洋联盟的战略合作基础

英美海上霸权的转移，始于第一次世界大战结束后的英美海权之争时期。在第二次世界大战中，英国在美国海洋资源的支持下赢得了战争，而美国也崛起成为世界最大的海权强国。战后英国顺应历史潮流，主动将海洋霸主地位让渡给美国，并通过借助美国力量成功地维护了英国海洋大国的地位，英美海洋联盟的发展历程体现出世界海上霸权由英国转向美国的历史潮流，同

---

① 钱乘旦等：《英国通史》，上海：上海社会科学院出版社，2002 年，第 81 页。

时也彰显出英美各自的海洋战略取向。

19 世纪末 20 世纪初，在马汉"海权论"的影响下，世界范围内的海上竞争空前激烈。这一时期，美国大力发展海军，拓展海外殖民地，表现出强劲的崛起势头；另一方面，随着经济增长的放缓，英国的海上优势面临德国等后起海上强国的严峻挑战。

同英德围绕海权问题矛盾日益激化截然不同，这一时期，在布尔战争期间建立起来的英美亲密关系得到不断加强。英美通过协商解决了委内瑞拉危机，英国从美洲的撤退换来的是美国的战略支持；与此同时，来自美利坚的友谊对于这一时期陷入空前孤立局面的大不列颠帝国来说就更加显得弥足珍贵。到了第一次世界大战前夕，面对德国咄咄逼人的海上崛起势头，英美友谊进一步升温，而这种升温在很大程度上应该归功于英国对美国海上价值的普遍认同。①

第一次世界大战结束后，英美为争夺战后世界海上霸权而一度剑拔弩张，关于英美之间爆发海上战争的猜测一直不绝于耳。不过，此时英国并不具备同美国进行海军竞赛的财力，更为重要的是英国人在情感上也不相信会同美国开战。实际上，构筑英美海洋联盟的呼声在美国一直大有市场。早在 19 世纪末，马汉就积极主张英美海军合作，共同主宰海洋。到 20 世纪 20 年代，英美两国因为国际联盟、战争债务、海军竞赛等问题一度产生相左的见地，但英国在西方普适观念中捍卫正统文明的身份使得美国当局几乎不可能放弃与之合作。

随着 20 世纪 30 年代后期第二次世界大战的爆发，在德国这个共同的敌人威胁下，英美海军竞赛趋于终结，两国开始就建立海军合作关系进行接触。由于有着长期合作的政治以及情感基础，英美海上联盟从此牢不可破，第二次世界大战时期也就成为了英美海洋战略联盟最终完成的阶段。

第二次世界大战后，英国积极推动英美海上霸权的转移，构建以英美特殊关系为政治基础的英美海洋联盟，期望借助美国的力量延缓自己衰落的势

---

① 胡杰：《英美海洋联盟：历史与理论分析》，载《太平洋学报》，2012 年第 5 期，第 37－40 页。

头，以保持英国作为全球性海洋大国的影响力。

战后，北约成为英美海洋联盟最好的载体和表现形式，其本质是一个以跨大西洋关系为纽带的海洋联盟。这个海洋联盟的核心无疑是美国，而英国则在其中扮演重要角色。因此，从这个角度来看，北约就是一个扩大了的英美海洋联盟。

随着东西方"冷战"的加剧，英国皇家海军开始在北约框架内积极追随美国海军。在北约海军中，英国皇家海军主要负责在东大西洋海域的巡逻任务，以确保战时美国援军能够安全抵达欧洲。在英国看来，来自大西洋彼岸的增援部队对于欧洲安全同样也是至关重要的。

英美在海洋空间上的战略联盟之所以始终能保持旺盛的生命力，关键在于其拥有坚实的战略基础，主要表现在以下四个方面：

在价值观上，英美拥有相近的海洋文化、亲密的血缘和历史渊源关系；

在战略利益上，英美都将海洋看做国家生存和发展至关重要的因素，他们着眼于构筑稳定的国际海洋秩序；

在政治上，美国继承并发展了由英国开启的大西洋联盟模式，同时，英美特殊关系赋予了英美海洋联盟新的表现形式和生命力；

在军事上，英美则都谋求通过北约集体安全机制控制全球海洋，维护海上交通线和航行自由。

英美两国海洋战略空间的联盟自诞生之初就对世界海洋格局，甚至世界政治形势有着深远的影响：一方面，它巩固了美国的全球海洋霸主地位，维护了新的世界海洋秩序；另一方面，英美海洋联盟的历史，也是世界海上霸权由英国向美国转移的历史。

英国选择主动向美国让渡海上霸权，确保了他能继续从以美国为中心的新世界海洋秩序中获益，确保西方对全球海洋的统治，确保西方牢牢控制大西洋世界，将俄罗斯的海洋影响力限制在欧洲内海、北冰洋和太平洋北部。尽管装备了远程导弹的苏联核潜艇部队威力惊人，但他的水面舰艇仍然无法与西方相比，特别是苏联海军缺乏航空母舰和海军航空兵，这使得英美仍然能够有效遏制苏联海军在大西洋的活动。时至今日，西方与俄罗斯在海洋地缘政治上的对峙局面并没有发生实质性的变化，英美可以利用海军优势和对俄罗斯不利的地理条件，全面压缩俄罗斯的海洋活动空间。

2. 注重海洋科技的战略空间表现

英国早期海洋研究具有显著的分散管理和自由探索的特点。20 世纪中期以来，以美国主导成功实施的三大科学计划（阿波罗计划、人类基因组计划和曼哈顿计划）①为标志，人类正式步入"大科学"时代，科学的系统化和组织性更加突出。海洋科学研究的复杂性和多学科交叉的特点使其更加需要多部门多层次的联合，国家层面甚至全球性的规划和协调显得十分必要。

20 世纪末，英国采取了一系列促进统筹海洋研究的举措，包括制订海洋科技预测计划，建立政府、科研机构和产业部门联合开发机制，增加科研投入等措施。

进入 21 世纪以来，英国更加重视海洋研究远景规划设计，鼓励引导科技力量关注对英国有战略意义的研究领域。2008 年，英国成立了海洋科学协调委员会，旨在通过协调英国海洋研究和实施英国海洋战略，提高英国海洋科学的效率，这些措施有效促进了英国海洋研究活动的活跃性。由此可见，新时期英国海洋战略空间的主要表现转向注重海洋科技的发展上。

实际上，英国将海洋科技作为海洋战略空间未来的主导方向，是基于其对自身海洋发展现状的分析以及一定阶段内海洋战略实施的具体效果。为此，英国政府在 2010 年发布了《英国海洋科学战略 2010—2025》（UK Marine Science Strategy）战略框架报告，该战略是一个旨在促进通过政府、企业、非政府组织以及其他部门的力量支持英国海洋科学发展、海洋部门相互合作的战略框架，重点的科技研究领域包括了海洋酸化研究、海洋可再生能源开发、海岸带灾害研究以及海洋自动化开发四个方面。

（1）海洋酸化研究。自工业革命以来，人类大量使用化石燃料，造成大气中二氧化碳浓度大幅上升。在未来的几个世纪里，随着全球气候变暖，海洋二氧化碳浓度逐渐升高，海洋酸化对海洋生物及人类的影响逐渐显现并日趋

---

① 周志娟：《大科学时代科学家责任问题探析》，载《厦门理工学院学报》，2012 年第 4 期，第 85 页。

严峻。2009 年 5 月，英国提议发起了"英国海洋酸化研究项目"，明确提出英国在海洋酸化研究方面的目标是降低预测碳酸盐化学变化中的不确定性，降低预测碳酸盐化学变化对海洋生物地球化学、生态系统等其他地球系统要素影响的不确定性，理解海洋生物对海洋酸化和其他气候变化的响应，提高海洋生物对海洋酸化的抵抗力和脆弱性的认识；为海洋生物资源的决策者和管理者提供数据和有效的建议。同时，随着全球海洋酸化问题的加剧，海洋酸化对北极地区和北冰洋的影响也引起了英国的关注。2012 年 6 月，英国极地科学考察队对北极开展了为期五周的科学考察，主要目的之一是研究海洋酸化对北极的影响。

（2）海洋可再生能源开发。海洋可再生能源在全球的分布并不均衡，而英国近海潮汐能和波浪能的资源则非常丰富。发展海洋可再生能源对于实现英国"清洁、健康、安全、富饶、生物多样化的海洋"的未来国家海洋愿景是一个绝佳的途径。2003 年，英国政府公布的能源白皮书《我们能源的未来：创建低碳经济》提出，到 2020 年英国可再生能源将增加到 20%。2007 年新的能源白皮书《迎接能源挑战》出台，描述了国际能源需求和温室气体大幅度增长对气候变化的影响，强调国际共同行动的必要性。此后的《英国能源研究中心海洋（波浪和潮流）可再生能源技术路线图》(2009) 和《海洋能源行动计划 2010》又为英国的海洋可再生能源发展明确了方向。2017 年英国的潮流能产业化进程发展迅速，8 月该项目发电量达 700 千瓦时，创造了潮流能发电项目的月度新纪录。该项目计划在未来 10 年内达到总装机容量 398 兆瓦。

（3）海岸带灾害研究。英国四面环海，拥有漫长的海岸线，大部分人口和重要城市均分布在沿海地区。因此，英国长期以来十分重视海岸带地区的安全问题。2012 年，英国先后启动两项针对海岸带安全的项目，充分体现了英国对海岸侵蚀、洪水、海啸等问题的关注。2012 年 3 月，英国批准了一项关于预测英国海岸线未来近 100 年变化状况的项目，目的是探索预测海岸线沉积系统长期变化的新方法，以改进海浪泛滥和海岸侵蚀的长期风险管理手段。该预测模型将在区域尺度范围内应用，解决气候应力、沉积物补给、地貌侵蚀和洪水带来的风险管理问题，完善长期海岸工程及其管理手段，为海岸管理者提供解决方案。

全球范围内的大部分海啸（如2004年印度洋海啸和2011年日本海啸）都是由于板块边缘地震引起的，虽然远离板块边缘，但由大型滑坡引起的海啸风险对英国的威胁很大。因此，2012年7月，英国展开了由巨大而罕见的水下滑坡引发的海啸对其威胁的研究。这是英国首次对滑坡海啸发生的概率及其可能带来的影响做广泛评估的研究，这项为期四年的调查研究，评估未来100～200年北极的滑坡海啸将会给英国带来什么风险，研究滑坡海啸可能对人类社会和基础设施造成的影响，研究现有海上防御体系的有效性以及如何将海啸威胁纳入英国的复合洪水灾害风险管理中。

（4）海洋自动化开发。2013年1月，英国国家海洋学中心（NOC）宣布，英国自然环境研究理事会在未来两年将资助1000万英镑以开展海洋机器人的研究和开发。在发展海洋机器人的同时，结合卫星观测系统来推动船舶的系统观测，从而构建一个全方位的自动观测网络。2014年3月，英国国家海洋学中心与英国皇家海军签署了一份协议，将在海洋自动化系统领域特别是海底航行器领域开展合作。英国国家海洋学中心与英国自主水面航行器公司和英国海洋一站式技术服务公司合作开发的长航时无人驾驶水面航行器于2014年4月开始生产。水下航行器将为提高监测英国海洋的环境状况提供机遇。该领域相关技术的突破也将对国防、空间、油气、环保以及应急部门的发展具有促进作用。其关键技术有：电池和动力系统、数据传输、生命支持系统、高强度耐腐蚀材料等。

（三）《预见未来海洋》发布

2018年3月21日，英国政府科学管理办公室（GOS）发布《预见未来海洋》报告，从海洋经济发展、海洋环境保护、全球海洋事务合作和海洋科学等四个方面分析阐述了英国海洋战略的现状和未来需求。

经济方面：预测到2030年，全球"海洋经济"预计将增加一倍，达到3万亿美元。英国估计总值约为470亿英镑，涉及传统的航运、渔业等产业和新兴的海上可再生能源、深海采矿业等诸多行业。英国经济高度依赖海洋，95%的贸易通过海运。

环境方面：由于人类直接活动和气候变化，海洋环境正面临前所未有的变化，据预测，将对全球生物多样性、基础设施、人类健康福利以及海洋经济的生产力产生重大影响，对英国也将产生直接和间接影响。

国际管理：世界上约有28%的人口生活在海岸100千米以内，海拔100米以下。海洋的未来是一个全球性问题，稳定和有效的国际治理对于海洋政策实施干预至关重要。英国在许多国际治理论坛中发挥着重要作用，国际海事组织是总部设在英国的唯一的联合国机构。联合国可持续发展目标（SDG）强调了海洋在国际发展中的重要性，该目标致力于"保护和可持续利用海洋和海洋资源"。

海洋科学：海洋科学研究在确定全球挑战和机遇方面发挥着至关重要的作用，需要世界各国合作，英国海洋科学研究水准意味着可积极主导国际合作。机遇主要包括理解全球合作规模及变化和影响，识别新的海洋资源及其开采影响，提高对灾害预测和应对能力以及开发海上新活动的变革性新技术等。

本报告旨在通过加强全球海洋观测，提高人们对海洋的认识和了解，鼓励开发利用新技术，支持商业创新，促进完善国际贸易体系，实现英国和全球海洋产业的最大利益。同时，促进各国认识到海洋日益增长的重要性，采取战略性方法管理海洋利益，支持英国海洋政策和国际海洋问题的共同原则，促进世界各国提高海洋研究能力，共同应对气候变化等国际问题。

二、法国海洋战略空间

法国位于欧洲西部，西临大西洋，南濒地中海，西北部与英吉利海峡相隔，同英伦三岛遥遥相望。法国本土海岸线长约5500千米，专属经济区面积为1100万平方千米（包括海外领地专属经济区），相当于国土面积的11倍。法国的国土形状大致呈六边形，三面陆地，三面临海，此外还有5个海外省和3个海外领地。这些散布在世界主要大洋中的零星岛屿使法国拥有辽阔的海域。

从地理位置来看，法国西临大西洋的比斯开湾，西北与英国相望，东部与德国、比利时、意大利、卢森堡等国为邻，东南濒临地中海与摩纳哥，西南与西班牙、安道尔接壤，国土面积 55 万平方千米，国土资源相对不足。因此，法国最为重要的地缘战略利益在于海洋，三面濒海的地理位置也极大地促进了法国海军的发展和对海权的控制。

从地缘政治角度看，大西洋具有极其重要的战略意义，大西洋海域集中了诸多世界海运航线，是世界海上航运的中心之一，也是世界战略资源及国际重要水上通道最密集的地区。因此，大西洋成为许多国家高度重视的超级战略大洋。面向大西洋是法国的优势，大西洋沿岸的拉罗谢尔、洛里昂、吉尔维内克等港口是法国海上生命线的重要保障。地中海则是法国南部地区的重要屏障，是本土的延伸和战略的后方。法国的历任统治者都把地中海看作法国天然的战略疆域，同时，地中海区域也是法国与非洲大陆及西亚联系的重要渠道，是极为重要的海上战略空间。

（一）重视"监管机制"为核心的海洋战略空间发展历程

早在 20 世纪 60 年代，法国总统戴高乐就曾提出过"法兰西向海洋进军"的口号，并于 1967 年成立了国家海洋开发中心，这是一个具有工业和商业特色的公共研究机构，其任务是在国有企业、私人企业和各部之间构建起桥梁，发展海洋科学技术，研究海洋资源开发，并在此基础上制定适合法国国情的海洋战略空间开拓模式。与此同时，为了进一步强化海洋意识，到了 20 世纪 70 年代初，法国又制定了加大海洋调查、充分利用巨大海洋资源的海洋大国战略目标。对于海洋战略空间的推进，法国人有以下三个方面的认识：

在全球化时代，海洋的地位更加重要，海洋运输作用凸显。就当今国际贸易总运量分析，有 2/3 以上货物需经海运，有些国家的海运甚至占到货运总量的 90%。从此意义上讲，海洋这一货物通道作为经济大国和海洋大国的重要命脉，其重要性远胜于陆地。显然海洋作为法国经贸的主干道，必须加以重点维护。

丰富的海洋资源使海洋成为聚宝盆，是现代化开发的一个新领域。显然，法国在"蓝色国土"的扩张层面已捷足先登。同时，法国的 5500 千米海岸线及其 1100 万平方千米专属经济区面积的条件储备以及其所附属的海洋矿产、海上能源开发、海洋渔业资源等，都为法国海洋战略的推进奠定了坚实的基础。

海洋战略推进需要加强国际合作。在全球化的海洋时代，海洋将陆地加以分割，但又借助海洋这一黏合剂，使各国、各地区得以紧密联系。因此，各国、各区域在实施海洋战略过程中，彼此间的协调合作不可缺少。事实上，一直以来法国人都深谙此道，一直积极开展与欧盟国家及其他地区国家的合作，希望各个相关主体(无论是国家还是相应组织)彼此间建立合作及信息共享机制，在海洋环境、海洋经济、海洋气候应对等诸多方面展开积极合作。

进入 20 世纪 80 年代后，法国海洋战略空间拓展进程不断加速，尤其是政府在发挥海洋监管职能方面有了很大进展。"海洋带来财富，也带来风险，加强海洋管控乃当务之急"，是法国人挂在嘴边的警示之语。[1] 为此，法国非常重视政府监管职能的承担与发挥，这也使集中统一监管机制成为法国海洋战略实施中的一个重要特点。

1981 年 5 月，法国在政府部门中增设了海洋部，后更名为"海洋国务秘书处"，负责制定并实施法国海洋政策。这是法国政府统一监管协调海洋工作的重要职能部门，也是在西方国家中首次成立这样的机构。该机构可以直接向总理报告工作，也可以参加政府内阁会议；管理法国海岸带及海区公共财产，保护海洋环境，保障海上作业人员安全，管辖法国本土海域和海外领地海域；推进海洋开发领域的国际合作等。无疑，海洋国务秘书处的建立，促进了法国集中统一监管海洋目标的实现，对法国海洋事业发展起到极大的推进作用。

1984 年 6 月，法国国家海洋开发中心与海洋渔业技术研究院合并，成立了法国海洋开发研究院，两年之后，又制定了《海岸带整治、保护及开发法》，明确海岸带是稀有空间，提出海洋带的综合管理政策。

20 世纪 90 年代初，法国海洋开发研究院在政府的支持下，完成了进入21 世纪的过渡性战略规划指导文件《1995—2000 年海洋战略计划》，该计划是在 1990—1995 年海洋科学技术发展实施完成后的战略性发展规划。20 世纪末，法国当局采取一系列综合管理措施，进一步推进海洋的集中统一监管。

---

① 钭晓东：《法国：集中统一监管机制　促进海洋战略实施》，载《中国海洋报》，2011 年 10 月 14 日，第 004 版。

明确的定位及系列配套路径，使法国的海洋战略及专门的海洋政策法律不仅可以在内阁中讨论，更是在中央与地方利益平衡、监管机构的职能分工与配合中起到非常重要的作用。

在进入 21 世纪后，世界形势发生了新的变化，也为海洋领域带来了新的机遇和挑战。事实上，法国海洋专属经济区面积全球第二，仅次于美国，生物多样性丰富的广阔海域，矿产资源储藏量巨大，具有很高的海洋产业附加值，给法国的海洋发展带来了极大的潜力。法国的很多海洋产业（如海洋科研、海洋工程建造、海运商业产业、海洋金融服务产业、提供海洋勘探开发设备及管道铺设装备的生产性服务产业等领域）在世界居于前列，在全球占有重要地位，发展迅速，并且还可以提供大量的就业机会。

但与此同时，由于长期受困于大陆思维的局限，没有充分发挥海洋领域所特有的条件和优势，法国面临一系列的国内外挑战，比如：商业运输船队规模不大，船厂制造能力也极为不足，海洋捕捞业衰退，海岸带的发展空间已饱和等。使法国在接下来很长一段时期里，探索海洋战略空间的形势，在深度上和广度上发生新的变化。

2005 年，法国成立"海洋高层专家委员会"，负责之后 10 年海洋发展及政策的制定。一年以后，法国政府又颁布海洋政策报告《法国的海洋抱负》，由海洋国务秘书处与法国战略分析研究中心共同完成，全面地阐述了法国的海洋政策和战略。

2009 年 7 月，法国总统尼古拉·萨科齐发表了关于法国海洋事业及政策的演讲，要求法国拟定海洋政策，出台国家海洋总体战略，认为"法国必须再次走向海洋"。他在演讲中阐明法国海洋战略空间规划的设想，法国的海域保护面积到 2020 年要扩大至 20%，法国的海洋保护区域范围在 2020 年要超过 200 万平方千米。

2009 年 12 月，法国当局颁布了《海洋政策蓝皮书》，亦被称作"法国海洋战略"，经由法国政府相关部门海洋委员会通过。《海洋政策蓝皮书》以新的管理模式高效规划管理海洋：

在管理方式上，中央和地方的各个涉海部门加强协调统一，兼顾各行业和地理区域的管理方式，有助于海洋工作的组织管理和高效决策。此外，海洋区域管理由海域、群岛、岛屿、海盆等海洋地理空间的区域管理委员会行使除生态管理职能以外的其他相关职权。在海洋战略规划上，需要制定行业战略与综合战略，由政府各涉海部门与相关各行业组织共同协商拟定。在法国中央政府的职能方面，重视关注全球海洋问题。全球气温上升导致北极变暖，使北极航道成为可能，同时北极也面临严峻的生态环境问题挑战，法国对此极为关注。作为地中海沿岸国家，法国促进与地中海联盟、欧盟一起综合管理地中海海域，维护地中海的生态系统环境，保持经济的可持续发展。

2015 年 8 月，法国政府通过了"能源法案"，目标是到 2030 年将可再生能源占电力配比提高到 40%。在实际应用中，法国政府就电力生产中各类能源的装机容量与相关审批计划制订了 10 年发展计划。2016 年，法国启动了海洋空间规划磋商，确定海洋能项目专用海域。最终版的"沿海战略文件"将于 2019 年年初完成。2017 年，法国国家科研署与法国海洋能源公司合作，通过招标完成了对 6 个海洋可再生能源研发项目的资助。这种公共机构和私企联合的方式，旨在有效解决技术瓶颈与环境问题。据统计，2015—2017 年，这些项目共获得了 1000 万欧元的研发经费。在法国沿海地区，除了资助法国国家海洋能研究所发起建立的联盟研发计划以及地方项目，为了促进法国海上风电与潮流能产业发展，法国地方政府机构还在瑟堡、布雷斯特、圣纳泽尔等地投资港口设施建设，从而为在新码头区建设发电厂提供足够的空间。

（二）法国海洋战略空间的军事选择

1965 年，法国总统戴高乐在布勒斯特海军学校演讲中提出："法国海军要特别能适应核武器，既然海军是在海洋上活动的，也就是说地球上每一个区域都要去；地球上任何一个区域都能反击，因为海军就像耶稣一样，无所不在。"[1]这已成为法国海洋军事战略的核心理念，影响至今。

2008 年，法国政府颁布的《国防白皮书》引起世界关注。白皮书中指出：跨国的"恐怖主义"和"生态环保"等全球非传统安全问题正在对欧洲安全构成

----

[1] 转引自丁一平等：《世界海军史》，北京：海潮出版社，2000 年，第 694 页。

威胁，"地区冲突"和"新兴大国"崛起造成全球局势不稳定。与此同时，法国的国家利益已遍布全球，为保护欧盟的安全并维护全球和平，新时期的法国军队必须关注外部环境并进行全面的外向化转型，而兼具核打击和远程投送能力的海上力量正是法国海洋战略空间强调的重点军事发展对象。

法国维持其核力量的可信度是该国国防政策的基本原则。构成法国核威慑的核心部分就是确保"二次核打击能力"的水下核力量。同时，法国还将大力发展两栖登陆舰以保远程投送，这种兼具指挥和航母功能的作战平台将与法国的诸多护卫舰一起构成国家海洋军事战略的"骨架"。尤其强调该国海上力量的其他核心要素，如水面舰队应积极参与多边合作，甚至可以由欧盟调度，但水下核力量只能由法国政府独立支配。

白皮书所强调的"地缘政治"因素尤为值得关注，将关乎法国利益的全球海洋范围划为一条地缘政治轴线：从大西洋、地中海到波斯湾和印度洋，在必要的情况下，这条"中轴"将延伸至太平洋。

2009 年法国重返北约，表明他采取了积极适应美国主导西方安全格局的方针。虽然，一贯主张"欧洲独立"的法国竭力推动欧盟向政治和防务一体化方向发展，呈现出背离美国主导北约框架的态势，但实际上，法国并非试图挑战和颠覆以美国为主导的北约体系。

就目前而言，法国比以往更积极地通过联合国发挥作用或与广大国际组织进行合作，表明了其全球性的大战略视野逐渐显现，而且法国的大国地位还取决于他是欧洲、非洲和部分中东地区的关键性力量。超越这些地区限制并实现全球战略的伟大抱负，有赖于与美国协调好关系，使本国更多地参与应对全球范围的诸多事务。

需要额外指出的是，作为领导欧盟的一重要部分，法国只有在基于欧洲的一体化以及获得周边盟国集地理、资源和力量于一体的支持后，才能于全球范围内发挥更大的影响，并且在与美国交涉时拥有比以往更有利的条件并就全球安全事务展开合作，进而提升国际地位。而且，法国参与领导的欧盟与美国合作的核心地理范围正是北大西洋。围绕这一海洋区域使西方零散的权力优势合成整体，从而对全球局势产生更强大、更有效的主导作用。

美国由于力量衰退，正疲于应对各种全球事务。因此，参与合作的法国和德国等欧洲大国所期待的"跨大西洋的联合"不仅更为对等而且能分配到更多的权力。与此同时，西欧力求与西半球构成多边合作，以对霸权国的主导地位形成制约。基于上述欧洲联合，再到致力于跨越大西洋的联合，颇有战略根基的法国正试图加快与美国就全球事务开展合作的步伐。

2010年，英国和法国签署了《防务安全合作条约》，发展以海军为主体的联合远征力量成为两国开展合作的重点。另外，法国是美国主办年度"环太平洋军事演习"的重要参与者。对于当今法国推进的新一轮"海洋战略空间"布局，值得关注的是，作为西欧大陆的"陆海复合型大国"，面向远洋的法国没有像以往那样遭遇周边邻国的阻碍以及海权主导国的对抗，相反，他不仅得到了邻国的协助而且在此基础上与美国开展了面向全球的合作。其中一个重要原因在于，法国走向远洋战略的背后是实现"欧洲联合"，为此需要长期经营和塑造稳固与共赢的周边环境。

欧盟海洋战略空间

欧盟是一个由欧洲28个成员国组成的政治经济共同体[1]，其中23个为海洋国家。欧盟海岸线长约70 000千米，陆地边界2/3以上是海岸，有一半左右人口居住在沿海地区，欧盟海洋产值占其国内生产总值（GDP）的40%，其中绝大多数的商业活动与国际贸易依赖海洋。欧盟与海洋的关系历来紧密，甚至可以说海洋就是欧盟的命脉，因此在应对来自海洋的挑战等方面，欧盟各个成员国需加强合作，利用跨部门和跨行业的综合性方法，开展有效的协调合作，节省行政资源并提高执行效果。

目前，欧盟海洋综合政策的重点工作体现在海洋战略空间的各个方面，比如在海面上建设无障碍的欧洲海上运输空间，建立欧盟海洋巡航监视网络；减少船舶的二氧化碳排放与污染，提高海洋空域空气质量；制定减轻气候变

---

[1] 2016年年底，英国经公投正式"脱欧"。本书撰写之际，英国仍属欧盟成员国，且相关数据包括英国在内，因此成员国数量仍以28个为准。

化对沿海地区影响的战略；取缔掠夺式捕捞作业和使用公海底栖拖网等毁灭性捕捞行为；各成员国编制海洋空间规划路线图。

一、21 世纪以来欧盟出台海洋战略举隅

进入 21 世纪后，应时代与未来的发展需求，欧盟相继推出一系列的海洋政策与战略，在诸多方面凸显出海洋战略空间的重要性。主要有：《欧盟海洋综合政策绿皮书》(2006 年)、《欧盟海洋综合政策蓝皮书》(2007 年)、《欧盟海洋战略框架指令》(2008 年)、《欧盟海洋安全战略》(2014 年)等。这一系列的海洋战略所表现出的最大特征，便是政策的延续性；除此以外，还体现了海洋战略空间部署由综合性政策向具体化、针对性的方向发展。

(一)《欧盟海洋综合政策蓝皮书》

《欧盟海洋综合政策蓝皮书》是对上一年度《欧盟海洋综合政策绿皮书》的继承与发展，体现了彼时欧盟对海洋空间最新的认识与政策，其优先提出的五个重点行动领域，尤为值得关注。

最大限度地可持续利用海洋。为可持续利用海洋创造最佳条件是欧盟海洋综合政策确定的首要目标。许多欧盟成员国海洋经济发展增速，甚至超过了国家整体经济发展的增速。但欧盟发展海洋经济及具有竞争力的海洋产业的前提，是必须保证海洋生态环境系统的安全与稳定，以实现海洋经济的可持续发展。

鼓励发展、创新海洋科学技术。确保海洋事业可持续发展的关键是海洋科学技术。必须构架海洋网络空间，即"海洋观测与资料网络"，为海洋科技发展服务，支持欧洲设立科技界、产业界和决策者的海洋科学伙伴关系，加强彼此之间的交流与对话，采用跨学科方法开展海洋研究，努力降低人类活动对海洋环境的破坏，实现对海洋环境最大程度的保护。在此基础上，各成员国间必须有效地协调与合作，利用现有研究资源，避免海洋科学重复研究，提高研究效率，促进海洋科学技术创新，积极将其转化为工业产品或应用于服务产业。

沿海地区高质量生活环境的创造。协调沿海地区的环境可持续性、经济

发展与生活质量之间的关系，对有着众多海洋产业与港口的沿海地区，提供最大限度的财政手段支持，改进与沿海地区相关社会经济信息的收集、管理和服务工作。

加强地区间合作，加快欧盟沿海地区的发展。为支持开发沿海外缘地区和岛屿地区辽阔海域的海洋潜力，推进区域间合作，为这些地区提供重要的生态服务，欧盟将出台促进这些地区发展的框架文件，并建立发展相关海洋产业与社会经济数据库。

提高欧盟在国际海洋事务的影响地位。欧盟各国在国际社会的海洋事务利益需要合理协调，大力支持国际社会以更有效地开展海洋事务执法工作及综合管理。

与此同时，在关于提升所谓"海洋欧洲"的海洋文化空间工作建设力度上，欧盟也增加了这一工作的实施透明度，支持"海洋社区"这一全新理念的发展，并且加强海洋遗产的保护工作。欧盟还将编制"欧洲海洋图集"，以作为有助于全社会更加重视共同海洋遗产与开展海洋教育的有力工具。并计划定期举办"年度海洋日"庆祝活动以及促进水族馆、博物馆和海洋遗产保护组织之间的互动。

可以说，《欧盟海洋综合政策蓝皮书》的实施，将提高欧盟国家对海洋重要性的认识与公众的基本海洋意识，使海洋利益相关者能够培养关爱海洋的共同品格和共同的目标。

(二)《欧盟海洋战略框架指令》

在一系列海洋综合政策的指导下，2008年6月欧盟又出台了《欧盟海洋战略框架指令》(以下简称《指令》)。该《指令》是基于《水资源框架指令》《环境影响评价指令》和《战略环境评价指令》等欧盟指令的经验所制定，表明了欧盟从制定单项环境综合管理指令到综合制定的趋向，显示出对环境因素的重视和综合考量。这是欧盟第一次颁布以保护海洋生物多样性为目的的法规，要求以生态系统方法，有效管理有可能给海洋造成各种不良影响的海洋利用活动，实质上也可以被视作欧盟海洋环境保护战略。

《指令》采用基于生态系统的方法对各类利用海洋的活动予以管理，其所指的"区域"为生态意义上的内涵，划分基础除政治因素以外，更主要的是出于对生物地理特性、海洋学及水文学等方面的考虑。将海洋环境保护以及可能的海洋生态系统恢复为目标，明确了对海洋生态系统及其机能实施保护的核心地位，其中许多概念和原则来自生态系统的管理方法，例如，生物多样性、预防原则、可持续发展原则、生态环境、关注后代需要等。[1]

总体目标是，在 2020 年前使欧盟海洋环境达到良好状态，建设洁净、健康、富有生产力和充满活力的海洋，重点保护和养护海洋环境，防止海洋环境的恶化，在可能的情况下恢复海洋生态系统，并预防和减少海洋环境污染，确保最大限度地减少对海洋生物多样性、海洋生态系统、人类健康或海洋的合法利用的不利影响。

在《指令》中，将"良好环境状况"定义为"丰富生物多样性的海洋水域，并且活力充沛，健康、洁净，具有较高生产力"。作为《指令》的核心概念，"良好环境状况"与欧盟 2000 年出台的《水资源框架指令》中的"良好地表水状态""良好地下水状态"以及"良好生态状态"的表述一脉相承。从中可以看到欧盟环境政策及战略的连续性，把对陆地的生态治理延续到海洋，重视程度逐渐加强，有一个对生态环境治理从部分到整体的发展过程。

有学者分析，《指令》还是以"海洋水体"为客体的行动导向型文件。所谓"海洋水体"包括海水、海床、底土等，要求欧盟成员国采取有效措施，确保海洋水域达到"良好环境状况"。为此，成员国必须采用基于生态系统的管理方法，掌握和了解海洋环境状况以及人类给海洋环境造成的影响，制定并实施为实现上述目标服务的有效措施。此外，《指令》还系海洋环境综合管理的开放动态管理计划。欧盟不仅要求各成员国互相合作、协调，也要求各成员国充分发挥非官方海洋组织的作用，并且欢迎与第三方国际组织或国家的合作。

（三）《欧盟海洋安全战略》

2014 年 6 月 24 日，欧盟委员会（EC）关于充实海洋安全战略的细节得到了欧盟 28 个成员国的批准。通过促进成员国间的能力集中与共享，欧盟海洋

---

[1] 张义均：《〈欧盟海洋战略框架指令〉评析》，载《海洋开发与管理》，2011 年第 4 期，第 29 页。

安全将得到加强，也有利于欧盟对有针对性军民两用技术开发资助的加强。

欧盟成员国的决定基于 2014 年 3 月 6 日欧盟委员会提交的一份政策文件，即《欧盟海洋安全战略》，该文件概述了确保欧盟海洋安全利益所需的未来行动及应对广泛的海洋风险，主要包括：海上非传统安全威胁；对航行自由的威胁限制，如海上武装抢劫与海盗；对港口和其他重要海洋基础设施以及乘客、船只和货物的恐怖袭击；对导航或其他海洋信息系统的赛博攻击；大规模杀伤性武器扩散；全球犯罪组织的威胁；海洋环境风险。此外，文件中还指出，海上监视可能会导致对现有监视能力的次优利用。

决定声明发布后，负责海洋事务的欧盟委员玛丽亚·达曼纳基（Maria Damanaki）表示，2014 年年底前，欧盟委员会将制定实施该战略的滚动计划，欧盟成员国对如今面临的威胁需要协作响应。而希腊外长埃万韦尼泽洛斯（Evangelos Venizelos）在希腊作为欧盟轮值主席国期间，也表示，"维护欧盟的海洋安全利益，是应对全球海洋领域的风险和威胁迈出了显著的一步"。

通过对《欧盟海洋安全战略》的解析，我们可以发现，其目标的重点是在风险管理、危机管理、危机应对、应急规划与预防冲突等方面相互合作，即用跨领域和部门的方法来促进解决和处理海上安全问题，还要求各成员国之间需要互相支持。

《欧盟海洋安全战略》重点行动领域，体现在对海上形势信息共享及监视、掌控，对外行动，应对危机及风险管理与保护重要的海洋基础设施，海洋安全研究和创新、培训与教育，建设和发展能力等 5 个方面。

二、欧盟海洋战略空间规划现状及进展

在进入 21 世纪第二个 10 年以后，世界各国对于海洋空间的竞争日趋激烈，伴随着新能源设备、水产及其他经济增长部门的发展，海洋战略空间统一规划显得极其重要。

2014 年 1 月 31 日，"地平线 2020"（Horizon 2020）计划在英国正式启动，而此前欧盟"蓝色增长"战略就曾预计，到 2020 年将使就业人口增长 700 万，

"地平线2020"计划在这一地区的行动将与欧盟"蓝色增长"战略和欧盟相关政策一致，且提供了大西洋研究特别是国际合作的机会。

在"蓝色增长"战略中，欧盟提出欧洲海底地图的绘制工作需欧洲各国合力完成，还需建立在线信息共享平台，为各成员国海洋研究项目和"地平线2020"科研资助项目提供信息支持。欧盟联合相关国家和研究机构针对海洋安全问题建立数据共享平台，以此帮助成员国管理渔业、海关、环保、边境、国防等部门的活动，即"协同海洋监控系统"（Integrated Maritime Surveillance）；为统合成员国海洋研究数据和资料，帮助企业、个人与政府进行海洋科技研发和经济研究，欧盟推出了针对海洋经济问题的"海洋知识2020计划"。

实际上，早在2013年6月，欧盟海洋事务暨渔业署（DG MARE）就在都柏林举办了海洋空间规划（MSP）及能源（石油、天然气、海上风能及海洋可再生能源等）研讨会，为支持该署在欧洲设立MSP，揭开一系列有关设立MSP及倡议的效益、风险评估讨论活动。

海洋空间规划研讨会由爱尔兰研究所主持，召集具代表性的区域代表、产业、负责推动MSP结合能源利用的政府机构与非政府环境组织共同参与，各界都表达了对MSP的强力支持。

2014年4月17日，欧洲议会（EP）批准了《海洋空间规划》指令，这将确保海上活动的可持续性与高效性，帮助改善欧盟成员国更好地进行海上活动规划和协调工作。随着水产养殖业和可再生能源的不断发展，根据该海洋空间规划法案要求，各国需对海洋活动进行更好地规划；成员国在制定规划时，应加强与其他成员国的协调，并全面考虑最有效的管理方案、陆地和海洋的互动以及现有人类活动。指令将加速海上项目获批过程，将促进更好地协调合作，从而产生经济效益。欧盟环境委员以及欧盟海洋事务和渔业委员表示，为发展海洋相关行业创造更多的机会，需要有效协调海洋活动，提高投资者的预见性，并减少对环境的影响。

欧洲委员会倡导的"蓝色增长"战略与欧盟制定的《欧盟海洋政策》，其根本出发点便是《海洋空间规划》。它有利于提高人们对海洋资源分配的认知度，可让投资者对投资项目的经济发展潜力更加确定。投资商们通过《海洋空间规划》可了解相关投资项目的内容、地点与发展期限。该规划也使政府现存的监管过度和复杂性管理现象大幅降低。

在 2020 年之前，《海洋空间规划》将有助于欧盟成员国所管辖海域达到较高的环境标准，有效地促进欧盟海事立法实施。由于跨境合作计划具有极其重要的作用，并且基本上所有利益相关者都能确保参与其中，该规划还有助于在海洋生物保护区中建立协调网络。在 2021 年之前，欧盟成员国也必须同时拟定其本国的《国家海洋空间规划方案》。欧盟成员国可以根据其国家的具体经济情况、社会与环境重点，及其国家区域政策目标和法律惯例来制定适合本国的具体规划方案，但该指令的最低要求必须予以满足。

综上所述，美国、俄罗斯、日本、韩国、印度、英国以及法国作为世界上重要的海洋国家，历史上其对"海洋战略空间"的把握和发展是他们得以崛起的关键所在，与此同时，他们在这个过程中也走了不少的弯路。而分析这些国家或者国际组织"海洋战略空间"的存在优势以及突出问题，可以为当下和未来我国的"海洋战略空间"的发展提供良好的借鉴经验。此外，海洋的流动性和连通性，又让各个海洋国家的海洋空间从某种角度来看是相互连接的，随着科技的进步，这种联系变得尤为紧密，因此对海外各国"海洋战略空间"的研究，实际上是"中国海洋战略空间"得以制定和实施的重要参照，具有非凡的意义。

第三章

立体大洋：未知的"内太空"

海洋是战略争夺的"内太空"

海洋是国家的安全线。一直以来，传统的"控制海洋通道就能控制世界"的战略思想仍旧根深蒂固于每一个海洋强国之中。海洋文明的演进即人类拓展海洋生存与发展空间的历史进程，可划为区域海洋时代、全球海洋时代、立体海洋时代。区域海洋时代萌芽于远古，成长于古代，人类生存与发展的空间主要在欧亚大陆，大陆文明占据优势，海洋文明的发展空间是区域性的。全球海洋时代萌芽于古代的大航海活动，从近代早期"地理大发现"开始到现代，海洋发展推动西欧的工业化和经济全球化，实现社会和文明的转型，海洋文明的发展空间是全球性的。立体海洋时代萌芽于现代海洋开发技术的突破，海洋文明的发展空间拓展为由海洋水体、海洋上空和海底组成的立体空间，被誉为未来人类文明的出路，21 世纪是全球海洋时代向立体海洋时代过渡的"海洋世纪"。[①]

自第二次世界大战结束以后，世界的海洋局势进入了新时期。当下的阶段，虽然以和平与发展为主题，但在这种潮流的背后也隐藏着许多的竞争与变化，需要引起特别重视的是，随着高新技术在军事等领域的运用，赋予了海洋安全、海洋战略新的内容。

"内太空"有广义与狭义之别。广义上的为世界上所有由海水覆盖着的地球表面。而从狭义上来看，"内太空"又可具体地定位在水深达 500 米以上的深海地区。[②] 在海洋制度的变迁中，由于海底一直是人类活动无法达到的领域，很少受到关注。但随着科技的突飞猛进，人类海洋活动的注意力开始从海洋表面转向海洋深处。

可以说，开发深海这个"内太空"的难度一点也不亚于开发真正的太空。我们知道海底的压强会随着深度的上升而不断增加，有人曾做过实验，水下 3 米深处推开车门所需要的力（等于水对车门的压力），相当于举起 3 吨重物所

---

① 杨国桢：《中华海洋文明的时代划分》，载《海洋史研究》，2014 年第 1 期。
② 杨国桢：《瀛海方程——中国海洋发展理论和历史文化》，北京：海洋出版社，2008 年，第 5 页。

需的力，也就更不用说进入深达上百甚至数千米的海底了，其所需要的技术以及辅助的支持几乎涵盖了人类科技的上限。

一、深海淡水资源的开发与利用

深海淡水资源以其埋藏线储量大、易开采、水质好、毗邻严重缺水的海岛和经济发达的沿海地区，以及开采成本相对低廉、不易造成环境污染等巨大优势，在未来海洋战略空间的探索中占有突出的地位。

随着 2013 年年底澳大利亚科学家文森特·波斯特的发现——在澳大利亚、中国以及北美和南非等地的海床上发现了近 50 万立方千米的淡水资源，这个所谓的"内太空"的战略意义将变得前所未有的重要。

我们知道地球表面 71% 是水，但可以供人类使用的淡水却不是很多，随着人口的增长，环境污染的加剧，淡水资源日趋紧张。过去，科学家始终认为，淡水在海底的蓄积是需要特殊条件并且总体数量很少，但上述新发现却证明海底淡水储备或许是一个很常见的现象。这些淡水储备是在过去数十万年间形成的，那时海平面要比现在低得多，如今位于大洋下面的区域仍暴露在降雨中，雨水被底层地下水吸收。当极地冰盖在约 2 万年前开始融化时，这些海岸线消失在水下，但它们的地下蓄水层因受到层层泥土和沉淀物的保护而得以完好地保存。

有分析认为，虽然大量淡水资源的探明会为解决人类缺水困难注入"兴奋剂"，但以目前的技术条件来看，想要将海底的淡水开采出来并不容易，因此这些淡水资源更适合留给技术发达的后人享用。眼下世界各国依旧需要节约利用现有的淡水资源，避免无谓的污染及浪费。

有学者估算深海淡水资源的总量是整个 20 世纪地下水开采量的 100 倍，可以说，人类未来的发展将在很大程度上仰仗这些淡水资源的开发和利用。对于深海淡水的由来，经过各国科学家的探索，提出了包括渗透理论、凝聚理论、岩浆理论在内的多种原由，研究者们根据产生原因，寻找到了世界各地不同地区的深海淡水资源。而到目前为止，中国已经探明的海底淡水资源主要集中在大型河口地区和沿海多个海滩区。据对珠江河口初步估测后的数据显示，该河口海底淡水资源的静态储量在 12 亿~16 亿立方米，天然补给量可达每年 40 万立方米。一经开采，水力梯度增大而引起的开发补给量可达每年 80 万立方米，足见其前景。

据文献记载，海底淡水的实际取用时间可追溯到 1498 年，哥伦布率领的船队在奥里诺科河口海域中意外获得淡水，解决了船上断水危机。世界上首次实现的海底工业化取水发生在法国。2003 年，法国纳菲雅水公司在意大利芒冬和凡蒂米之间把一个郁金香花形的不锈钢管固定在海床上，让海底 36 米深处的淡水沿管道喷射出海面，倾泻进一个花冠形容器中，而后再用管道输送上岸，水流量可达 100 升/秒。

2007 年 10 月，中国在距离浙江舟山嵊泗县 21 千米的海上，成功打出了一口淡水井，每小时淡水喷涌量达到近 120 吨。经化验，虽然该井水中含的氯离子偏高些，但已经非常接近饮用水了。如果能把经过处理后的淡水运往缺水的嵊泗县，将从根本上解决列岛上 8 万多人的用水问题，这些淡水将有望成为舟山居民生活用水的理想水源。可见，开发深海淡水资源，将是中国未来发展海洋空间的一个很重要的方向。

二、"蛟龙"号载人潜水器试验性应用的成就与意义

2012 年 7 月，我国"蛟龙"号载人潜水器首次在西太平洋马里亚纳海沟 7000 米级海洋试验中获得成功，实现了中华民族"可下五洋捉鳖"的夙愿。2013 年 1 月，中国大洋矿产资源研究开发协会吸收国际同类载人潜水器均经历研制、海试、试验性应用、业务化运行等阶段经验，确定了"蛟龙"号载人潜水器在步入业务化运行前开展试验性应用的工作方案。

2017 年 6 月 23 日，随着"向阳红 09"船搭载"蛟龙"号载人潜水器及 96 名科学考察队员停靠青岛国家深海基地码头，历时 138 天的"蛟龙"号试验性应用航次圆满完成中国大洋 38 航次科学考察任务，同时也标志着为期 5 年的"蛟龙"号试验性应用航次圆满收官。

"蛟龙"号自海上试验以来，开展了 152 次成功下潜。在试验性应用过程中，先后在南海、东太平洋多金属结核勘探区、西太平洋海山结壳勘探区、

西南印度洋脊多金属硫化物勘探区、西北印度洋脊多金属硫化物调查区、西太平洋雅浦海沟区、西太平洋马里亚纳海沟区七大海区下潜，主要为国家海洋局深海资源勘探计划、环境调查计划、科技部"973"计划、中国科学院深海先导计划、国家自然科学基金委南海深部计划五大计划提供了技术和装备支撑。"蛟龙"号深海作业科技成果丰硕，获取了海量珍贵影像数据资料和高精度定位的地质与生物样品。深潜工程技术保障队伍和深潜科学家队伍不断壮大，安全管理制度趋于完善，多系统、多任务的工作格局已经形成，向业务化运行跨出了坚实的一步。

大深度技术优势，全球海洋 99.8% 的作业区域，海底定点作业能力，安全性、可靠性、先进性，等等，"蛟龙"号的这些优势在试验性应用阶段得到了验证。在涵盖海山、冷泉、热液、洋中脊、海沟、海盆等的典型海底地形区域，蛟龙号实现了 100% 安全下潜。其中，17 个潜次作业水深超过 6000 米（其中 11 次超过 6500 米）。连续大深度安全下潜，充分地发挥了"蛟龙"号全球领先的深度技术优势，为我国抢占国际深渊科学研究前沿提供了强有力的技术支撑。

此外，海底烟囱喷口内高温热液取样和连续观测，证明了"蛟龙"号高精度定点悬停作业能力。在西南印度洋和西北印度洋热液区的复杂地形下，"蛟龙"号实现了对深海海底 11 米高黑烟囱顶部、直径 5 厘米喷口内 379.7℃热液的保压取样和连续温度测量。海底深渊科学仪器的定点布放与回收，证明了"蛟龙"号高精度搜寻目标的作业能力。第 100 潜次及第 128 潜次，"蛟龙"号成功在西南印度洋及西北印度洋热液区搜寻，并回收前序潜次布放的微生物富集罐等作业工具。第 144 潜次成功在马里亚纳海沟 6300 米深度搜寻并回收第 122 潜次布放的气密性保压序列采水器，在国际上首次实现时隔一年在 6000 米以深海底对科学仪器的定点搜寻与回收。

"蛟龙"号先进水声通信技术和微地形地貌探测技术优势也在试验性应用中得到了发挥和验证。"蛟龙"号数字水声通信系统工作稳定，传输正确率超过 90%，保障了潜水器水下作业的安全。高分辨率测深侧扫声呐累计完成测线长度 17.2 千米，绘制海底三维测深图覆盖面积 6.876 平方千米，绘制侧扫图覆盖面积 13.752 平方千米，取得了各个区域大量的海底微地形地貌数据，特别是在第 125 潜次中首次实现了热液烟囱弥散流的探测，获取了海底热液弥散流侧扫瀑布图。

自试验性应用开展以来，"蛟龙"号先后在七大海区开展了下潜作业，取得了一系列勘探成果：

其一，在我国南海区，初步查明了南海冷泉区和海山区生物群落特征，获取了冷泉区的地球化学特征，新发现 6 个新种和生物群落的 3 个优势种，为我国科学家在深海大型底栖生物分类学和生物多样性领域的研究提供了有利条件。初步圈定了 1000 米级多金属结核试验区的目标靶区，在试采区及参照区开展了多学科调查，获得了高质量结核、结壳样品及数据资料，为深入研究南海铁锰成矿作用等科学研究提供了支持，也为后续开展采矿环境影响评价打下了基础。

其二，在我国东太平洋多金属结核勘探区，发现在海水较深且比较平坦的海盆中结核覆盖率稍低，仅为 37.5%；在海丘斜坡上结核覆盖率有增高的趋势，最高达 60%，基本查明了我国多金属结核区的结核分布特征。

其三，在西太平洋海山结壳勘探区，探查了采薇海山区的结壳、结核的分布特征，初步了解维嘉海山区富钴结壳的分布范围，初步探明采薇海山与维嘉海山巨型底栖生物分布具有良好的连通性。

其四，在我国西南印度洋多金属硫化物勘探区，基本确定了典型热液区的活动状况及发育范围，采集了热液流体样品，并对热液喷口及附近多次进行温度观测，基本查明龙旂热液区热液活动及热液产物分布特征，进一步了解了底栖生物群落结构，揭示龙旂热液区共附生微生物的多样性。

其五，在西太平洋深渊海沟区，初步查明雅浦海沟北段西侧生物群落结构，认识了其微生物、细菌、古菌和真菌的多样性，揭示了食腐端足类在近底层的分布规律；认识了马里亚纳海沟生态系统基本特征，获取了大批量马里亚纳海沟深渊底部保压海水样品。

其六，在我国西北印度洋热液硫化物调查区，初步查明"卧蚕 1 号""卧蚕 2 号""天休""大糦"4 个作业区的热液区位置，对热液区环境特征及生物群落结构有了基本认识。

"蛟龙"号载人潜水器的试验性应用的成功，对中国海洋战略空间的开拓具有重要的意义。它将为中国进行海底资源调查和科学研究的实际应用奠定基础。海洋面积占地球表面积的 71%，绝大部分都是尚未开发的"处女地"。深海空间是个聚宝盆，蕴藏着丰富的战略资源。从此，我国就可以不受技术因素限制，在广阔的海洋进行海洋地质、海洋地球物理、海洋地球化学、海洋地球环境和海洋生物等科学考察；可进行深海探矿、深海资源开发，源源不断地为国家提供能源、原材料，为经济建设服务；也可进行海底尤其是深海高精度地形测量、水下设备定点布放、海底电缆和管道检测等，服务于国计民生。

三、深海"空间站"的开拓与建设

2017 年 6 月，《"十三五"国家科技创新规划》出台，强调坚持创新是引领发展的第一动力，以深入实施创新驱动发展战略、支撑供给侧结构性改革为主线，确保如期进入创新型国家行列，为建成世界科技强国奠定坚实基础。值得关注的是，该规划提出要建立深海空间站，开展深海探测与作业前沿共性技术及通用与专用型、移动与固定式深海空间站核心关键技术研究。

目标是在 2020—2030 年，建成中国 250 吨级的深海空间站，这一深海研究基地将会是我们未来深海"潜航员"们的家，在我们已经完成了 35 吨级深海有人工作站和"蛟龙"号 7000 米级载人潜水器的研制后，现在要建设的 250 吨级深海空间站将能保障 30 人在水下 1000 米的深度工作至少 60 天。因为地球 70% 的海洋深度都是在 1000～2000 米，这样级别的深海空间站将足以满足我们现有要求。

深海空间站是各个海洋强国都想投入巨资研究的，美国和苏联在 20 世纪就开始积极展开类似研究，不过当时的目的并不是为了和平利用海洋。一些深海空间站的用途是在水底搜集海洋信息以及打捞核潜艇的残骸等，研究一开始就充满了浓厚的军事意味。但是研究深海空间站的难度不亚于研究太空空间站。一个简单的物理常识告诉我们，在水下 1000 米处的压强大约是

10 198 916 帕斯卡，即意味着手指甲大小范围内站着一个成年男人，单就这一项大压强就足以让诸多国家望而却步。而且在水下要长期驻留，舱段设计、材料选择、水面通信、移动动力选择等方面都存在着巨大的技术障碍，美国和苏联当时都花费了上百亿美元来研究。可见要研发这样一种深海空间站，挑战之大。

全国人大代表、中国船舶重工集团公司第 702 研究所副所长兼总工程师颜开在 2017 年召开的"两会"上曾表示，目前我国小型移动深海空间站已经建成，将开展海上考核试验，其主要功能是油气资源、矿产资源、海洋生物资源的勘探开发以及海底设施的维护、检查和检修等。在深海资源开发形势愈发迫切的今天，深海空间站在海洋资源开发中将发挥重要的作用。接下来，国家必须加大投入力度，全面规范深海空间站管理技术，全力攻克深海空间站关键技术，尽早建成千吨级的深海"龙宫"。

四、海洋地质科学考察船的发展

"海洋地质八号"是六缆高精度短道距地震电缆三维物探船，主要用于开展大面积区域调查工作，可以满足全海域水合物调查、区域地质调查和重点海域油气资源调查等任务的需要。

"海洋地质九号"地质调查船可开展多参量海流测量、地质取样、高精度中深层地层结构探测、高精度地球物理场测量等多种海洋地质调查工作。

"海洋地质十号"是我国自主设计、建造的综合地质调查船，填补了我国小吨位大钻深海洋地质钻探船的空白，提升了海洋地质调查能力，是集海洋地质、地球物理、水文环境等多功能调查手段于一体的综合地质调查船，船身总长 75.8 米，排水量约 3400 吨，续航力 8000 海里。

这些船各有特点，调查能力各有侧重，弥补了中国地质调查局大多数调查船过于老旧、性能单一的不足，共同组成我国深海探测的立体技术体系，也标志着我国海洋地质、地球物理及钻探等综合海洋地质调查能力跻身世界前列。

海洋调查船随着国家的强大而成长，也代表着我国海洋装备能力的提升。

自中华人民共和国成立以来，我国海洋调查船经历了从近海到远洋，从几十吨的小渔船到数千吨乃至上万吨船舶的发展历程。

20 世纪 50 年代中期，我国将渔船、拖船、旧军用辅助船等改造成海洋调查船，摸索积累近海调查经验。20 世纪 60 年代，我国加快自行设计和建造海洋调查船的步伐，成为全球第一批专门设计建造海洋调查船的国家之一。20 世纪 70 年代至 80 年代初期，我国有计划地发展不同型号的远洋调查船，开启了自主设计和批量建造大型远洋调查船的时代。

进入 21 世纪以后，我国迎来海洋调查船发展高峰期。先后建造了"海洋六号"、"科学"号、"张謇"号等较先进的调查船。"海洋地质八号""海洋地质九号""海洋地质十号"3 艘新船的陆续下水，是海洋保障配套装备项目建设的重大成果，显示出中国已经形成了从水面到水下、从沿岸区域到深海大洋的综合探测技术装备体系，还将有助于加快我国天然气水合物(可燃冰)的产业化进程。

在开发深海的同时，我们必须要在海平面上进行装备的配合，才能令深海的开发顺利有效，而海平面的状况往往要比陆地和深海更为复杂，急风暴雨、大浪滔天对于海上作业者来说就是家常便饭。我国南海一带平均波高为 12.9 米，与墨西哥湾相当，是西非海域的 3 倍，南海表面流速和风速接近墨西哥湾的 2 倍。我国南海具有特有的内波流，海底地质条件复杂(包括海底滑坡、海底陡坎、浊流沉积层、碎屑流沉积等)[1]。

随着我国海洋地质科学考察船的发展，将进一步丰富我国海洋地质调查技术体系，整体提高海洋地质战略空间的调查精度，提升海洋地质战略空间的调查能力，也标志着我国海洋地质战略空间综合调查能力跻身世界前列，并形成"九船探海"的新格局。

公海战略空间的把握

公海并非自古有之，它随着人类法制文明的产生而出现，并根据人类社会进步的各种诉求而不断地改变与发展。追溯人类认识公海的历程，最早可

[1] 李天星：《深海开发：几多难题待解》，载《中国石油企业》，2012 年第 10 期，第 57 - 59 页。

以从人类对于海洋的基本认知开始。人类社会早期，生产力的发展极为缓慢，商品的生产和交换刚刚出现，其范围也非常有限，因此海洋上的交往需求不高，不可能进行大规模的远洋航海或开辟全球性的航路。同时，人类对于海洋的全貌也缺乏理性的了解，并不能精确地把握世界上的海洋空间，对于海洋与陆地的关系，占主导地位的理论是"天圆地方"，即天是圆形的，地则是像棋盘那样，呈方块状，如果不断地向海洋深处航行，就会连人带船一起坠入深渊。总之，在上古时期，人类开发海洋的能力十分有限，尚无法认识海洋，更不用说如何将其定义。

之后，随着历史的进程与国家的产生，海洋立法开始萌芽，古罗马的《优士丁尼法典》[①]第一次以法律的形式宣布海洋的法律地位，规定了海洋是大家的共有之物，所有人都可以自由地开发和使用海洋。可以说，在这个时期，并没有"公海"的概念，或者说整个海洋都是人类的"公海"。

古罗马是最早提出海洋为所有国家所公有的国家，但是随着其帝国版图的不断扩充，实力的进一步壮大，却提出了海洋归罗马一国所有的观点。此外，希腊和意大利半岛上的城邦国家以海上贸易为生命线，海洋对于他们的利害关系极大，他们也纷纷对海洋的权利提出了自己的诉求，公海的定论开始发生变化。

进入到16世纪的西欧资本主义时期，当海上割据和垄断阻碍到资本主义经济发展的时候，新兴的国家开始纷纷站出来反对这一现状。与此同时，一些国际法方面的学者也希冀通过理论立法的形式来划分出领海与公海。荷兰法学家格劳秀斯在1609年发表的《海上自由论》中提出"海洋不能成为任何国家的财产"的主张，这也是世界上首次有人将"公共海洋"的理念明确定义。

格劳秀斯的主张虽然遭到了不少的攻击和反对，但航海自由是资本主义兴起的必然产物，尤其是18世纪初英国取得了海上霸权以后，开始倾向于把海洋划分为属于沿海国主权范围的领海和不属于任何国家的公海。至此，公

---

① ［古罗马］优士丁尼：《法学阶梯》，徐国栋译，北京：中国政法大学出版社，1999年。

海的观念逐渐被世人所接受。

然而，随着公海观念被逐步认可，另一个问题也随之产生，即划分领海与公海的标准。有人主张将视力所及的范围定为领海，也有人鉴于当时大炮3海里的射程，认为将3海里规定为领海的宽度，即所谓"三海里规则"。

实际上，当时各个国家的领海宽度并不一致，除了3海里，还有北欧国家的4海里、土耳其和若干地中海国家的6海里，而且"三海里规则"在19—20世纪上半叶，虽为西方海洋强国所坚持，但一直也未被普遍认可。

可见，随着人类对于海洋的逐步重视，对于"公海"和"领海"的概念不断地清晰，然而由于时代的限制，并没有上升到国际法的高度，更多的只是为了便利于海洋的利用以及陆地领土的安全。不可否认的是，至此，人们已然确定了"领海之外即为公海"的重要原则，且公海的面积在整个海洋面积中占绝对优势。

伴随着科学技术的飞速发展和国际关系的巨大变化，海洋法取得了重大的发展，一些国家相继宣布新的海域制度，如大陆架专属经济区、国际海底制度等概念。联合国为了解决海洋法方面面临的重大课题，共召开了三次海洋法会议，制定了一系列的规范性文件。

同时，国际组织也相继制定了一些有关海上航行安全、海洋环境保护、海洋渔业等方面的公约，海洋法的发展进入一个新的发展阶段。联合国召开的三次海洋法会议，其中取得重要成果的是1958年2月24日在日内瓦召开的联合国第一次海洋法会议和1973年在美国召开的联合国第三次海洋法会议。第一次海洋法会议持续62天，于1958年4月29日通过了四项公约即所谓的日内瓦海洋法公约：《领海与毗连区公约》《公海公约》《捕鱼及养护公海生物资源公约》和《大陆架公约》。

1958年的《公海公约》规定："公海"一词系指不包括在一国领海或内海内的全部海域。[①] 该公约并没有使公海的面积缩小，该次会议和后来的联合国第二次海洋法会议都没有就领海的宽度达成一致。可以说，《公海公约》是对沿

---

① 《公海公约》第一条。

袭已久的习惯海洋法成文化，是对"领海之外即为公海"原则的确认。随后，1973 年第三次联合国海洋法会议历时 9 年，最终于 1982 年通过了重要的《联合国海洋法公约》（以下简称《公约》）。此时，公海的概念已然发生了很大的变化，关于公海制度的规定，也打破了传统海洋法"领海之外即为公海"的观点。

按照《公约》第八十六条的规定："公海"为"不包括在国家的专属经济区、领海或内水或群岛国的群岛水域内的全部海域"。这样专属经济区和群岛水域就不再属于公海，公海的面积被进一步缩小，目前大约占所有海洋水域面积的 60%。尽管有些学者仍然认为，专属经济区还是公海的一部分，仅受沿岸国的某些特定管理，但是公海法律属性的最重要原则，"公海上船舶受其船旗国管辖"，在专属经济区内已经不完全适用，在群岛水域更不能适用，而只受群岛国的主权管辖。因此，现在所指的"公海"是大大缩小了的海域。

可以看出，沿海国扩大海洋管辖权是一种总体趋势，从 3 海里的狭窄领海，扩大到 12 海里的宽领海，再扩大到 200 海里的专属经济区，把国家管辖权推到领海基准线的 200 海里以外，一些宽大陆架国家甚至可以扩大到 350 海里。《公约》的生效确定了领海、毗连区、专属经济区、群岛国和群岛水域、大陆架等新的法律制度，但是关于国家之间的扩大管辖海域方面的争执，不仅没有减少，反而进入白热化的状态，沿海国纷纷扩大海洋管辖权，对于深海海底——这一原本属于公海的区域，也已经展开争夺。

海洋是生命的摇篮，也是未来人类生存和发展的物质宝库。自《公约》生效以后，对深海大洋的国际竞争日趋激烈。新一轮前所未有的"蓝色圈地运动"在占海洋面积 2/3 的深海领域悄悄地展开。

1970 年，联合国大会通过了一项决议，宣布国家管辖范围以外的海床和洋底的资源为"人类的共同继承财产"，任何国家或个人均不得据为己有。根据《公约》建立了国际海底管理局，促使各缔约国通过该机构组织控制国际海底区域的活动，管理区域内资源，并促进和鼓励在国际区域内的海洋科研活动。随着海底热液活动的备受关注，国际海底管理局正在制定海底热液硫化物的勘探规则。

由于各个沿海国家专属经济区的扩大，一些相邻的海洋国家产生了海域争端问题，作为拥有漫长海岸线以及众多海上邻国的中国就是其中之一。由于历史和国际政治双重因素的影响，出现了包括中越南海争端、中马南海争端以及中菲南海争端等诸多海洋问题，在这些问题的背后又隐现着大国强权的身影。究其根本，很大程度上是由于各个沿海国家希冀通过占有海上岛礁的方式，以扩展自己的领海与专属经济区，从而实现政治、经济向外扩张的目的。

因此，作为世界上最大的发展中海洋大国，应该积极推动公海自由，只有将海洋作为人类共享的资源，一起努力并共同开发，才能够从根本上解决当下的争执。

当然，做到公海自由还仅仅是制度上的保障。时下，在公海之上又出现了新的难题，首当其冲的就是关于公海上的恐怖主义活动，而公海恐怖主义活动的出现，将严重威胁公海的自由航行，对包括中国在内的世界各国海洋战略空间拓展造成极大的隐患，同时也是对世界"和平与发展"两大主题的挑战。以下 6 个海域为世界海上恐怖主义活动猖獗的地带：

马六甲海峡及东南亚海域。据国际海事局统计，2000 年前三个季度这一地区共发生海上恐怖事件122 起，比 10 年前的同期多 45 起。马来西亚海事执法机构于 2005 年 10 月投入运作，此后马六甲海峡的海盗劫案明显减少。据该机构统计，2004 年有 38 起海上恐怖案件，但 2009 年、2010 年、2012 年和2013 年皆创下零海盗事件的纪录，2011 年和 2014 年各有两起，2015 年则仅有一起商船劫案。近年来，该海域海上恐怖活动又有抬头的趋势。2017 年 11月 8 日，新加坡东北大约 100 海里处，一艘散货船遭遇 5 名持刀海盗登船袭击，抢劫了海员的现金，以及船舶上一些值钱的备件物料，并且在逃离前毁坏了船舶的通信设备。

斯里兰卡沿海地区。这一地区的海上恐怖主义活动主要是由反政府（斯里兰卡）组织泰米尔猛虎组织实施的。1997 年 7 月，该组织截获并焚烧了一艘500 座的难民船。同年 9 月 9 日又袭击一艘巴拿马运输船，打死、打伤 50 名船员。1997 年 7 月，该组织劫持了津巴布韦和以色列共同注册的"斯蒂拉斯·

利莫路斯"号船，该船装有从津巴布韦运往斯里兰卡国防部的 81 毫米口径炮弹 32 400 发。2000 年也多次发生猛虎组织自海上袭击斯里兰卡海军船只的事件。斯里兰卡政府军从 2006 年开始发动了一系列有效的攻势，逐步将猛虎武装限制在该岛国北部的一角，并在 2009 年 5 月发动了最终的攻击，彻底击败了泰米尔猛虎组织。

波斯湾。在波斯湾地区较为猖獗的恐怖组织是宗教激进主义的伽马伊斯兰恐怖组织。该组织是埃及境内的一个激进组织，是刺杀埃及总统萨达特的主犯。伽马伊斯兰恐怖组织经常在尼罗河和其他水域袭击平民和游船，其中规模较大的有卢克索（埃及城市）事件，造成 58 名外国游客死亡，因此被称为"游客杀手"。

亚丁湾。由于也门重要的战略地位，且渴望在阿拉伯半岛或海湾地区获得新的势力范围，美国很重视这一地区，尤其是亚丁地区。美国第 5 舰队频繁在也门出入，而恐怖主义在也门的活动也十分活跃。2000 年 10 月 12 日，美国海军第 5 舰队的导弹驱逐舰"科尔"号在位于阿拉伯半岛南端的也门亚丁港附近海域加油时，被一艘装满了爆炸物品的恐怖组织橡皮艇撞中。"科尔"号严重受损，舰上 17 名美国水兵丧生，36 名水兵受伤。

索马里沿海。由于索马里内战，各派别、军阀斗争较为激烈，因此该国沿海的海上恐怖主义活动较为突出。索马里沿海的海上恐怖主义活动有两大特点：一是具有较强的政治、军事色彩；二是"唯钱是图"。1998 年 1 月，索马里民主拯救阵线扣押了一艘中国台湾的渔船，共向该船索要了高达 111 万美元的赎金。索马里军阀不仅袭击渔船、海军船只，甚至连联合国、欧盟的救援船只也劫持。2006 年 4 月 4 日，韩国"东源 628"号渔船在距索马里海岸线 200 千米左右的海域捕鱼时，被 8 个索马里海盗劫持。经过长达 4 个月的艰苦谈判，在船东交了 80 万美元的赎金后，包括 3 名中国船员在内的 25 人才得以获释。仅 14 天后，在索马里沿海作业的中国台湾"庆丰华 168"号渔船又遭劫持。2006 年 5 月 25 日，由于与中国台湾船东的谈判陷入僵局，索马里海盗杀害了辽宁船员陈涛。经过 7 个月的谈判，船东支付了 150 万美元赎金后，才和 10 余名船员平安回国。2007 年 5 月 15 日，两艘坦桑尼亚籍渔船在距索马里首都摩加迪沙近 400 千米的海域遭劫持。船上共有 24 名船员，其中中国籍船员 10 名。次日，一艘中国台湾渔船也在索马里海域被劫持，船上有 8 名大陆船员、4 名中国台湾船员。2010 年 9 月 29 日，一艘挂巴拿马国旗的船只在坦桑尼亚附近海域被索马里海盗劫持，船上有 15 名印度籍船员。自 2012 年开始，国际社会联合开展反海盗行动，多国军舰在索马里海域巡逻护航，加之商船加强自身防护，一些远洋轮船绕道非洲最南端的好望角，此后索马里海域大型商船遭劫事件极少发生。然而，2017 年 3 月 13 日，一艘油轮遭索马里海盗劫持，偏离航线，这是 2012 年以来索马里海域首次发生大型商业船只遭海盗劫持事件。

里海、黑海地区。该地区的海上恐怖主义活动多与走私有关。目前，大量炸药、枪支，甚至一些核材料从这里走私、流入国际黑市。近年来，在黑海沿岸还截获了走私的用于制造核武器的"非活性"铀和"活性"钚。

中国作为世界上最大的发展中海洋大国，有责任同时也有义务去打击公海上层出不穷的恐怖主义活动，这些海域也应该纳入我国下一步海洋战略的努力空间。首先，我们要加强海上防恐法制的完善，制定我国的海上反恐立法，明确我国海上反恐立法的基本原则和主要构架，为国务院各部门行政规章和地方法规的制定提供法律指导和法律协调。其次，有必要重构我国海运反恐立法格局。综观我国海运反恐立法现状可知，海运反恐的主要内容反映在交通运输部制定的行政规章中。这样就使得我国海运反恐立法呈现出"以交通运输部的行政规章为主，以其他相关法规为辅"的立法格局。不得不承认，这样的立法格局有以下几方面的不足：

第一，和当前国际海运反恐的立法趋势相悖。"9·11"事件后，国际社会在海运反恐立法方面迅速升温，尤其是以美国为首的一些国家不断加强在此领域的立法工作，其立法层次之高，内容之广，是前所未有的。新的海运反恐法律法规迅速出台，同时也直接促进了国际海运反恐条约、公约的制定。在国际社会轰轰烈烈地进行海运反恐的情况下，我国仅制定了几个应急性的行政规章，这显然和当前国际海运反恐的立法趋势相左，不能满足国际海运反恐的立法需要和现实要求。

第二，和我国海运大国的地位不符①。国际海上货物运输是世界贸易中最主要的运输方式，近年来我国航运业迅速发展，港口货物吞吐量不断攀高，如海运集装箱吞吐量就以每年30%的速度递增，上海港、深圳港已经名列世界港口集装箱吞吐量的前十名。我国作为海运大国和海运强国的地位不可动摇，但遗憾的是海运反恐立法已落后于其他国家，不能为我国海运反恐提供强有力的法律支持，同时和我国蓬勃发展的海上运输业极为不符。

第三，不能表明我国打击海上恐怖主义的立场和决心。虽然在"9·11"事件后，我国政府在各种场合都表明了反对恐怖主义和打击恐怖主义的决心，但从当前我国海运反恐的实践看，海运反恐政策多于海运反恐立法，海运反恐立法又主要停留在行政规章的层面，并没有上升到法律的高度。虽然说政策具有灵活的微调功能，在海运反恐的实践中具有不可替代的作用，但我国海运反恐的立场和态度是坚定不移的，应以法律的强制性和稳定性表现出来。

最后，打击海上恐怖主义还需要国际间的合作，② 包括加强各国海洋反恐中的法律交流、沟通与合作，加强各国海洋反恐中管辖权属的交流、沟通与合作，加强各国海洋反恐中对《公约》理解的交流、沟通与合作，加强各国海洋反恐中信息技术的交流、沟通与合作等。相信只有通过世界上所有国家的共同努力，才能在未来营造出一个和谐安定的公海空间，这也是中国海洋空间战略的必然之选。

我们还需要了解到，进入21世纪以来，随着国家管辖外海域生物多样性保护问题愈益受到国际社会高度关注，公海保护区日渐成为热点。所谓的公海保护区，是指为保护和有效管理海洋资源、环境、生物多样性或历史遗迹等而在公海设立的海洋保护区，公海保护区就是一种全新的公海保护方法。尽管目前在公海建立海洋保护区存在诸多亟待解决的问题，但公海保护区作

---

① 张湘兰：《国际反恐立法趋势及我的对策》，载《武大国际法评论》，2007年5月，第155 - 172页。
② 耿相魁：《打击海上恐怖主义需要国际合作》，载《海洋开发与管理》，2009年第1期，第65 - 66页。

为一种全新的生物多样性就地保护形式已被付诸国际实践。而中国作为一个负责任的海洋大国，有必要去进行公海保护区的实践。

南、北极未来的开发

南、北两极地区资源丰富，地理位置独特。随着南、北极的环境资源价值和科学奥秘不断被揭示，两极地区的国际地缘政治和经济地位迅速提升，世界有关国家围绕极地和海洋权益的争夺呈现日益加剧的态势。除了制定南、北极政策，相关国家纷纷以第四次国际极地年为契机，大幅增加对极地科学考察的投入，为北极地区的资源开发与航道商业化航行和南极地区的海洋生物资源利用创造条件，在极地国际事务的竞争中抢占先机，以谋求本国在极地海洋权益的最大化，不断加强其在极地的实质性存在。

我国自 20 世纪 80 年代进入极地科学考察的行列以来，先后建立了南极长城站、南极中山站、南极昆仑站、南极泰山站、北极黄河站和"雪龙"号科学考察船等极地考察平台，全面加入了国际极地条约和有关组织。[①]

截至 2018 年年底，我国已成功进行了 34 次南极科学考察和 9 次北极科学考察，围绕全球变化主题在极地冰川学、生态学、地质学、海洋学、高空大气物理学等领域取得了一批具有国际影响力的研究成果，极地考察是我国研究制定和实施海洋发展战略的重要任务。南、北两极因蕴含巨大的政治、经济、科技、军事利益，正越来越成为国际争夺的重要目标和世界各国未来发展必争的战略空间。

一、南极大陆

南极洲极端严酷的自然条件虽然在很大程度上制约了动、植物的繁衍和生长，使得生物资源较为贫乏，但是围绕着南极大陆的海洋——南大洋，却具有独特的水文特征和多样的生物资源，是一个生机盎然的物种世界。特别是在南极辐合带附近的水域，无论是海洋生物种类，还是其生物数量都很是

---

① 陈连增：《中国极地科学考察回顾与展望》，载《中国科学基金》，2008 年第 4 期，第 199－203 页。

可观，尤其是那里的海豹、鲸、磷虾和鱼类资源更是富饶。

另外，近年来南极微生物资源的价值和意义越来越受到人们的高度重视，特别是其在现今生命科学研究和生物工程实验中不可替代的特殊作用与科学价值，使得它们已经成为南极大陆优先获取与开发利用的对象。而在南极大陆架区，分布着数量可观的油气资源，有 500 亿～1000 亿桶的石油以及 3 万亿～5 万亿立方米的天然气，[①] 风能、潮汐能和地热能等洁净资源更是潜力巨大。据相关机构统计，在南极地区还蕴藏着高达 3.3 万平方千米的金属矿物，有的含矿层厚 6500 米，已经发现的矿产资源主要有煤、铂、铀、铁、锰、铜、镍等，分布于南极半岛及沿海岛屿地区。

南极是全人类共同的财产，南极区域的极端环境、潜在资源和气候影响对人类未来发展有着极其重要的战略意义。

菲利普·劳博士曾把人类的南极活动划分为四个时代，即贸易时代、扩张时代、科学时代和资源开发时代。

18 世纪布韦、凯尔盖朗和库克等人的探险至 19 世纪是贸易时代。这一时期内活动的主要驱动力是捕获海豹和鲸以谋取商业利益，重大的事件则是人类首次发现了南极大陆。

继贸易时代之后，19 世纪 90 年代到 20 世纪 40 年代之间为扩张时代，这一时代包含了人类南极探险史上最为光辉的篇章，因此，也被称作"英雄年代"。多位著名的探险家如斯科特、沙克尔顿、阿蒙森、莫森和伯德等的探险活动，引出了某些国家对南极领土要求的话题。

20 世纪 40 年代以后，人类的南极活动进入了科学时代。这一时期南极探险方式有了重大的改变，越来越专业化和持久化，探险活动均由有关政府资助，并受其常设机构的管理，其中美国的探险活动规模最大、次数最多。科学时代最富有意义的是 1957 年 7 月 1 日至 1958 年 12 月 31 日的"国际地球物理年"（IGY），它是人类对南极进行全面探索的开始。1959 年 12 月 1 日，在"国际地球物理年"参加南极考察的阿根廷、澳大利亚、比利时、智利、法国、

----

① 朱建钢、颜其德等：《南极资源及其开发利用前景分析》，载《中国软科学》，2005 年第 8 期。

日本、新西兰、挪威、南非、英国、美国和苏联 12 个国家在华盛顿签署《南极条约》，成为原始缔约国和条约协商国。条约规定：禁止在条约区从事任何有关军事性质的活动，南极只用于和平目的；冻结对南极任何形式的领土要求；鼓励南极科学考察中的国际合作；各协商国都有权到其他协商国的南极考察站上视察；协商国决策采取协商一致的原则。1961 年 6 月 23 日，《南极条约》正式生效。

从 20 世纪 70 年代中期开始，人类的南极活动逐渐从纯科学的研究向资源开发和利用的研究过渡。但这并不意味着南极科学时代的结束，而是意味着各国对南极的科学研究更着重于南极自然资源的勘探和开发。以中国为例，早在 20 世纪 70 年代，就开始准备南极考察；1981 年 5 月，成立国家南极考察委员会；1984 年 12 月，首次组建南极洲考察队进行南大洋和南极考察；1985 年 2 月建成中国南极长城站；同年 10 月，中国被接纳为《南极条约》协商国；1988 年 12 月，中国首次考察南极洲东南极；1989 年 2 月，建成中国南极中山站；2009 年 1 月，建成南极昆仑站；2014 年 2 月，建成南极泰山站。

总的来说，人类对南极的开发大多还停留在比较浅层的方面，比如，捕捞海洋生物，获取动物皮毛和开发旅游线路等。

从 20 世纪 70 年代至今，对南极的科学考察、资源调查和环境保护成为南极开发的主要课题。但从严格保护南极环境的角度出发，只有不在南极开展任何有关资源开发的活动，才不会发生任何环境影响。而环境保护和经济发展本身是一对矛盾，随着全球资源特别是非可再生资源的日趋枯竭，人类不可能不动用南极的资源。从目前更为频繁出现的能源危机来看，开发南极的矿产资源已经是一个比环境保护更为紧迫的问题，这已经关系到一国政治的稳定和经济的正常发展，而解决这一问题的关键是国际社会将如何解决有关南极归属权的问题。

1984 年派出的首次南极考察队，开启了我国南极事业发展的光辉历程。而今，经过 30 多年的发展，我国南极事业从无到有，由小到大，取得了举世瞩目的辉煌成就，已成为名副其实的极地考察大国，现在正朝着极地强国的目标努力奋进。以南极科学研究为例，围绕国际南极科学研究前沿，持续加大南极基础科学研究力度。目前,我国已初步建立了一支门类齐全、体系完备、基本稳定的科研队伍,推动了南极科学研究由单一学科向跨学科综合研究发展。

2017 年 1 月 8 日,我国首架极地固定翼飞机"雪鹰 601"成功降落南极冰盖之巅,我国南极科学考察的"航空时代"由此来临。"雪鹰 601""雪龙"号科学考察船和四大考察站将中国在南极的科学考察空间大大拓展,极地－海洋观测系统平台初步形成,正如第 33 次中国南极科学考察队领队孙波所言,"中国极地考察进入了海陆空立体化协同考察的新纪元"。

2018 年 4 月 21 日,我国第 34 次南极科学考察圆满完成。这次考察围绕罗斯海地区恩克斯堡岛新站建设、南极环境业务化调查评估和南极大西洋扇区海洋环境综合考察三大任务,又取得了一批重要成果。

正如《中国的南极事业》一书所展现的,在南极冰川学观测与研究领域,我国完成了中山站至昆仑站断面综合观测研究;在昆仑站所在的南极内陆冰穹 A 区域建立深冰芯钻探系统,钻取深度已达 800 米,可为反演十万年乃至百万年时间尺度的气候变化提供信息。在固体地球科学观测与研究领域,建立了菲尔德斯半岛区域地层序列,测定火山地层年代,突破传统南极大陆形成模式;开展格罗夫山区域的地质调查与研究,详细描述了上新世早期以来东南极冰盖进退演化历史进程,丰富了科学界对全球海平面升降变化的认识。

随着科研能力的不断增强,我国逐步建设和完善了南极考察与科学研究的基础设施。目前,已经初步建成涵盖空基、岸基、船基、海基、冰基、海床基的国家南极观测网和"一船四站一基地"的南极考察保障平台,基本满足南极考察活动的综合保障需求。与此同时,南极考察从西南极的南设得兰群岛区域拓展至东南极拉斯曼丘陵和普里兹湾区域,再进一步延伸至南极内陆冰穹 A 区域,考察活动范围和领域持续拓展。

总而言之,对南极战略空间的拓展有助于提升中国在国际南极事务中的话语权,将对掌握南极变化对中国影响的趋势,强化中国适应与应对气候变化的能力,全面落实"雪龙探极"重大工程任务产生的深远影响。

二、北极冰洋

北极地区的资源和能源结构与南极类似，此外，北极重要的战略空间地位还体现在其潜在的航道价值上，即所谓的北极航道，它是指穿越北冰洋，连接大西洋和太平洋的海上航道，包括东北航道和西北航道。东北航道西起西欧和北欧港口，穿过西伯利亚沿岸海域，绕过白令海峡到达东北亚港口；西北航道东起北美东海岸，向西穿过加拿大北极群岛，经波弗特海、白令海峡抵达北美西部港口（广义的北极航道还包括穿越北冰洋中心区的穿极航线）。随着北冰洋夏季海水结冰面积的持续减少，从 2008 年开始，一些航运公司已先后完成了北极航道的试探性商业航行，[①] 一旦北极航道开通并投入商业运行，将大大缩短欧洲、北美与东亚之间的海上航线，形成新的世界经济走廊，改变世界能源和贸易格局，进而影响整个世界的经济和地缘政治格局。

目前，在北极地区最为重要的开发项目包括南森－阿蒙森海盆观测系统计划和俄－美长期调查计划。前者由俄罗斯、美国、加拿大、德国、挪威和波兰等多国参与，主要通过在北冰洋陆坡区布设锚系站点，观测获取长时间序列信息，以及采集走廊和站点基础环境信息，研究北冰洋和加拿大海盆海水循环、水团输运及机制；后者则从 2004 年开展并延续至今，主要调查涵盖楚科奇海和白令海峡的生物学、地质学、化学和水文学情况。此外，由德国和俄罗斯合作开展的"拉普捷夫海系统"长期合作项目以及由加拿大推动的"三海计划"和"北极建站计划"项目也是非常值得关注的。

北极拥有丰富的矿产和生物资源，具有重要的军事战略资源和航道资源价值。当下，北极地区的 8 个国家都宣称拥有北极的权益，为了定争止纷，他们在 1991 年签署了《北极环境保护策略》；5 年以后，又共同发表了《渥太华宣言》，成立了一个松散的国际组织——北极理事会。

在北极理事会的基本框架之下，势力强劲的 5 个国家已制定和实施了各自的"北极战略"：

俄罗斯始终视北极为自己的战略大后方与重要的战略通道，2007 年伊始，

---

① 何剑峰等：《北极航道相关海域科学考察研究进展》，载《极地研究》，2012 年第 2 期。

俄罗斯的科学考察船在北极点 4000 米处插上俄罗斯国旗，声称北极是其大陆的延伸，之后又正式发布了该国的北极战略规划。时至今日，俄罗斯已经拥有北极地区最强大的 5 艘核动力破冰船，还准备建设编制规模达两个旅的适合在北极执行军事任务的"北极部队"，并且进一步提出了要在接下去的 10 年将北极建成为自己最重要的战略能源基地。

美国的北极方略与俄罗斯不尽相同，其利用他人无法比拟的航天技术，在近些年对北极的冰层进行了大量的空中测量并积累了丰富的资料。此外，美国还在不断建设新型的破冰船，加强海岸警备队的装备力量，计划在北极建立港口和军事基地，根本目的就是希望美国具备在北极单独行动的能力，以达到其在北极地区享有"广泛、基本的国家利益"的目的。

拥有全球一流的破冰船、适合极地航行的导弹护卫艇和规模庞大的北极港口的加拿大，其在北极的战略目标是谋求北极开发中安全领域的领导地位，不断开展的军事演习充分表明其政府捍卫和行使北极地区主权的决心。正如加拿大外交部所宣称的那样，该国将在科学技术、国际法和世界先进技术的引导下，保证其在北极资源方面的所有权。

挪威对于北极的觊觎更多的则是体现在其对于北极地区的能源特别是石油资源的渴求上，并为此召开了以"北极地区的能源"为主题的"北冰洋边界"会议，探讨了全球能源前景将如何影响北极地区，评价北极地区可再生能源的潜力、北极地区能源可持续发展所需要的技术手段等问题。

而丹麦则通过发布北极战略与任命首位驻北极大使的方式，加强在北极的事务与维护丹麦在北极地区的利益。不仅如此，丹麦还准备向联合国提交 200 海里以外大陆架外部界限的申请，为获得更多的北极大陆架资源而积极活动。

1999 年 7—9 月，中国北极科学考察队乘"雪龙"号极地考察船对北极进行首次考察。2004 年 7 月，建成北极黄河站。

2014 年 7 月 11 日，中国第六次北极科学考察队乘"雪龙"船起航，总航行约 22 000 千米，最北到达北纬 81°11′50″，西经 156°30′52″。本次考察海域主要位于历次北极科学考察的传统考察海域——北冰洋太平洋扇区，包括白令海盆、白令海陆架、楚科奇海、楚科奇海台和加拿大海盆等海域。重点项目为获取海洋环境变化和海－冰－气系统变化过程的关键要素，了解北冰洋重点海域以及北太平洋边缘海重点海域的海洋水文、海洋气象、海冰等基本环境信息，获取调查海域海洋环境变化的关键要素信息，建立重点海区的环境基线，为全球气候变化研究、北极航道利用和极地海洋数据库的完善等提供基础资料和保障。

2016 年 9 月，历时 78 天，航行 13 000 余海里，完成 77 项科学考察任务的第七次北极科学考察圆满完成，此次考察实现了我国北极科学考察历史上的诸多突破：

首次在北冰洋门捷列夫海岭进行考察，完成一条综合考察断面，考察内容涉及物理海洋、海洋气象、海洋地质、海洋化学和海洋生物等多个方面；

首次在白令海成功布放深水锚碇潜标，锚系长度 3800 米。成功完成了 5 套锚碇长期观测潜、浮标的收放工作，加强了定点锚碇长期观测；

首次利用"雪龙"船在北极成功布放我国自主研发的冰基上层海洋剖面浮标，利用直升机围绕长期冰站在加拿大海盆布放了由 13 个浮标组成的浮标阵列，连同冰站布放的浮标，一共布放了 40 个冰基浮标，冰基浮标布放数量为历次北极考察之最；

首次在楚科奇海陆架发现海底结核/结壳，初步推测该区域存在冷泉或者热液过程；

首次使用空气枪震源激发人工地震波，在北冰洋进行地球物理考察，极大地增强了多道地震系统的地层探测深度，并在加拿大海盆区域取得了丰富的海面磁力、重力和热流数据。

我国在地缘上虽然不属于环极地国家，但国际间急剧升温的北冰洋战略利益的博弈，与我国的战略利益和长远发展有着密切的关联。因此，必须有具体的战略方针：

首先，必须制定属于我们自己的"北极战略"，开拓中国的极地战略空间。当下，我国已经明确提出建设海洋强国的目标和任务，而"北极战略"应该作为制定和实施海洋战略的一个重要组成部分。中国已于 2013 年 5 月成为北极理事会正式观察员国，身为地处北半球的发展中大国，我们必须抓住这个机遇，一是加强对北极的了解和研究，以期在北极理事会的相关活动中有更大的发言权；二是积极参与对北极环境的保护工作，这对于北极地区乃至全人类的环境保护都有意义；三是积极参与北极资源的可持续开发和利用，这对于我国的可持续发展有着重大的意义。

其次，要加大对于北极科学考察的投入。中国不仅是北极理事会的正式观察员国，而且也是北极科学委员会的成员，我们要尽快再建数艘适合在极地工作的高档次极地考察船，增加北冰洋考察的航次，加大对北极考察的力度和频度，逐步拓展在北极区域的立足点，建立北冰洋陆基、船基和空基相结合的北极环境变化监测网络，为将来利用北极航道及北极资源提供基础性的服务，也为人类开发和保护北极环境做出应有的贡献。还必须进一步加强北极航道的研究和利用，加快对冰区航行船舶的设计、建造、检验等技术研发，尽快组织商业试航，为我国的经济社会可持续发展做出贡献。

再次，深入开展北极双边与多边的国际合作，尤其是加强与俄罗斯、美国、加拿大、挪威和丹麦这五个北极强国在地区科技、环境等领域的合作，并逐步拓展在政策、经济、资源、安全等领域的对接，实现互利共赢，增强我国在北极事务中的影响力，设立类似冰区航行的船舶试验池的重点研究专项。

最后，为了培养适合北极地区工作的科技人才，我国的一些重点理工科大学和海洋大学有必要创办专门的学科，也可以在有条件的院校、企业和研究机构成立相关的产学研相结合的北极开发研究机构。还需要特别注意的是，交通部门和经贸部门也要同时组织力量研究和分析北极西北、东北两条航线航道开通的有关问题，以及环北极经济圈可能对我国航运格局和经贸格局带来的影响，并提出相应的对策；渔业部门和旅游部门要研究在北冰洋远洋捕捞和在北极开展旅游等相关的问题。

2015年10月16日至18日，第三届北极圈论坛大会在冰岛首都雷克雅未克举行。应冰岛总统格里姆松对习近平主席的邀请，中方派出高级别代表团出席此次大会，并举办中国国别专题会议。专题会上，中国提出了在北极问题上要坚持的六项具体政策主张：一是推进探索和认知北极；二是倡导保护与合理利用北极；三是尊重北极国家和北极土著人的固有权利；四是尊重北极域外国家的权利和国际社会的整体利益；五是构建以共赢为目标的多层次北极合作框架；六是维护以现有国际法为基础的北极治理体系。[①]

北极战略空间的发展应以积极参加北极事务为重点，加强与北极国家的合作交流，重视谋求与非北极国家的共同利益，增强非极地国家的话语权和参与度，[②]塑造近北极国家身份，并以此为契机，开拓属于我们自己的极地战略空间。

三、未来极地旅游业的开发

极地旅游也成为其未来战略空间的重要组成部分。所谓极地旅游，即指赴地球南、北两极的观光、探险旅行活动。南极地区依据《南极条约》确定的地理范围，包括地球南纬60°以南的广大水域、陆地及其附属岛屿和冰架；北极地区则仅指北极圈（北纬66°33′）以北的广大区域，包括北冰洋、边缘陆地海岸带及岛屿、北极苔原和外侧泰加林带。北极是大陆包围之中冰的汪洋，南极则是一片汪洋包围之中冰的大陆。

南极旅游业始于20世纪50年代后期，以智利和阿根廷的一些海军船只运载付费旅客前往南极的南设得兰群岛游览为开端。1969年，美国人L-E.林布拉德建造了世界第一艘专营南极旅游的游船，并实践了他"寓教于游"的南极旅游理念。由此，标志现代意义的南极旅游业正式拉开帷幕。

由于获利丰厚，一时间，阿根廷、智利、西班牙、意大利、新西兰、德国、美国、俄罗斯等多个国家的旅游公司纷纷效仿。据国际相关组织公布的资料，截至2011年上半年，全世界南极游客总数已达432 000人次。与此同时，为了吸引游客，南极旅游的形式日趋多样化，从原有传统的乘船或乘飞机到南极固定景点和考察站进行走马观花式的游览，逐渐发展至近年来包括雪

---

① 外交部网站：http://www.fmprc.gov.cn/web/wjbxw_ 673019/t1306852. shtml。
② 潘正祥、郑路：《我国北极战略浅见》，载《重庆社会主义学院学报》，2011 年第 5 期，第 71 – 74 页。

地野营、攀登冰崖、冰海游泳、快艇观鲸、双人划舟，甚至滑雪、潜水和直升机探险等各种富有趣味性和刺激性的活动项目，可谓形式新颖，层出不穷。

与"孤独"的南极不同，北冰洋外围有广袤的北极陆地，包括西伯利亚北部沿海地带、阿拉斯加、北美冰冻圈和格陵兰岛等，不仅分属于俄罗斯、加拿大、美国、挪威和丹麦等5个国家，而且早已有原住民分散居住。北极格陵兰岛上壮观的大冰川、狡黠的北极狐、出没无常的北极熊和传说中的因纽特人等，对前往北极旅游的人来说都充满了无穷魅力。

尽管第二次世界大战以后经济的复苏促成了北极地区的开发，但仍因自然环境与交通的不便，商业旅游的出现迟至20世纪50年代初，形式上仅局限于在北欧和格陵兰南部对北极原住民的探访。成规模的北极旅游发端于20世纪80年代，但游客数量不如南极游红火，原因可能与北极地区的国家属性以及人类对那里的开发相对较早，其神秘感远不如南极有关。

中国民间南极旅游于2010年之后逐渐兴起，其出行的路线途径通常是先搭乘国际航班从国内飞到南美洲、南非或新西兰等国，再依据各自事先的约定，加入国外南极旅游团，乘游轮或飞机前往南极。北极旅游模式基本类同，即出境后经由加拿大、丹麦、冰岛、北欧国家或俄罗斯等地，再由国外旅行社安排乘船或乘飞机前往斯瓦尔巴群岛、格陵兰岛或北极冰盖等。

另外，深入极地冰原腹地的探险旅游，与大众化的南、北极旅游相比似乎更具挑战性和刺激性，因而受到国内一部分人的推崇。2005—2006年，我国民间登山英雄完成"7+2"（全球七大洲最高峰加南、北极极点）探险旅行的壮举，不仅攀登了南极最高峰——文森峰，而且徒步冲刺南极点，最终有3名中国人同时到达。至此，在世界"7+2"英雄榜上第一次出现了中国人的名字，中国也因此成为完成"7+2"人数最多的国家。随着中国经济的快速发展和人民生活水平的不断提高，国人对高端旅游产品的需求与日俱增，南、北极旅游正吸引着越来越多的人，一些企业更是看到商机，并开始跃跃欲试。价格在6万~15万元不等的极地旅游广告在互联网上随处可见。

近年来，广州班敦、德迈公司，北京中唐、神舟公司，武汉九洲公司及西安、成都等近20家旅游行业单位活跃在国内极地旅游市场中。但总体上，极地游的出行方式，基本还是国内组团，出境后再加入国外旅行社团队，人数每年 500~800 人，不足国际市场份额的 2%。

当前，我国旅游业正处于产业结构调整期，成为我国改变发展方式和经济转型、产品升级换代和促进产业结构优化的重要产业链，且随着社会的进步和经济的发展，正向势头强劲、最具旺盛活力的"朝阳"产业方向发展，并逐步成为我国的战略性支柱产业之一。面对国际极地旅游日臻完善、势头兴旺和国内需求不断扩大的形势，我们应把握时机、因势利导，积极推动我国极地旅游业的健康起步和可持续发展。

网络时代的海洋空间

石器的应用开启了手工业时代，蒸汽机的发明开启了机器时代，网络技术的运用使得人类步入了网络时代。

网络时代也被称为"信息时代""数字化时代"，它以信息技术为基础，以跨地区、跨国家的信息共享和信息交互为特征，具有极强的文化渗透性。

20 世纪后半叶，以电子计算机和互联网为代表的信息技术革命的迅猛发展，标志着人类第四次信息传播革命，人类由此进入了信息时代。互联网是"冷战"时代军备竞赛的产物。1969 年，美国国防部下属的高级研究项目局成功开发出互联网，其在信息传播领域的应用催生了"基于互联网传播平台"的"第四媒体"（相对于传统的报刊、广播、电视三大媒体而言）。

到了 20 世纪 90 年代，随着个人计算机和移动数字电话进入家庭，互联网进入高速发展的阶段，在世界各国得到普及，人类由此进入网络时代。它提供了人类历史上一种全新的信息传播方式，对人类社会的生产方式和社会关系的变化、对人类文明的发展和进步等都起到了强有力的推动作用，其影响到现在还无法充分估计。[1]

网络时代是新兴科技的产物，海洋时代则是古老文明的传统，它们对于

---

[1] 张衔前：《网络时代执政党意识形态危机及对策研究》，北京：中共中央党校，2005 年博士学位论文，第 2-3 页。

当下人类社会的影响都极为深刻。然而，网络时代之于海洋空间的意义更加深远，因为网络技术的快速发展，以其全球性、开放性、即时性、虚拟性及交互性五大特征，对于我们利用互联网进一步拓展和了解海洋空间，绘制海洋实时地图，并在此基础上利用海洋空间起到了极其重要的作用。

一、电子地图在海洋空间上的使用

网络时代电子地图在海洋空间的应用，可以说是当下以及今后海洋发展最大的战略助力。网络电子地图，是随着互联网的发展，结合传统的卫星导航和电子地图技术产生的，是近年来人们认识地理环境、获取并分析应用地理信息的主要手段之一，并在社会各个领域发挥越来越大的作用。随着信息技术领域迅速的技术变革，网络电子地图作为空间可视化产品之一，以不同的形式广泛应用于各个领域。[①]

电子地图以数据库为基础，在适当尺寸的屏幕上，可以快速地向使用者显示信息，并且可以通过计算机进行快速存取，实现实时实地显示各种信息，可以实现对移动载体在电子地图中的实时跟踪显示、最优路径选择及引导、显示导航信息、监控、语音提示警告等功能。[②] 对于航行在大海上特别是远洋运输的船只来说，电子地图的使用不仅可以方便其选择出合适的航行线路，还能够根据实时的天气变化迅速做出反应，改变既定的航行路线，重新进行信息整合，推算出更加合适的前进路线。

此外，某些船只一旦在航行的过程中出现问题，电子地图还能够在第一时间帮助探测到最近的轮船或者海岸带，并迅速向最近的救援点发出求救信号。不仅如此，电子地图的个人服务为我们在海岸带的出行和旅游提供了很大的便利。由于海岸带漫长且多变，在岸边的出游往往具有一定的未知性和潜在的危险性，而电子地图实景化的功能可以很大程度上帮助出行者在进入海岸带之前就了解其基本状况，为出行者提供很好的安全保障。

----

① 吴阿丹等：《网络电子地图的现状分析及未来展望》，载《测绘与空间地理信息》，2010 年第 6 期，第 157 页。
② 陈斌：《电子地图在 GPS 导航中的应用及发展趋势》，载《科协论坛》，2010 年第 12 期（下），第 48－49 页。

展望未来，随着电子地图的进一步发展，其对于海洋空间的意义和作用将变得更为丰富：

海洋区域和海上城市规划地图绘制。包括各种综合规划和专业规划制图。编制地图是海洋区域与海上城市规划中必不可少的一个环节，其中的地理区位和环境需要通过规划图描述和反映，规划的内容需要在规划图上落实到空间位置，规划成果需要通过图的形式得以展示。

海洋区域与海上生态环境制图。统一设计编制反映海洋区域生态环境的形态结构、空间格局、机理过程、发展变化等基本概况的评价、预测和规划的专题地图，从而为海上生态环境的有效管理，资源的合理开发利用，海洋区域开发决策，以及经济和社会的可持续发展服务。

海洋区域与海上应急反应制图。根据突发事件主题的类型可以划分为自然灾害应急反应地图、事故灾难应急反应地图等，根据其严重程度还可以在前面标识级别。

二、容迟网络

容迟网络（Delay Tolerant Networks，DTN）是美国国防研究部对星际网络探索与研究的成果。容迟网络具有较长延时、拓扑结构动态变化、低信噪比和高误码率、间断性连接等特点，在深空通信、野生动物研究、偏远地区通信、车载网络、海洋环境监测方面有重要作用。海洋监测在军事、环境保护、海洋生物研究等领域占据至关重要的地位。目前，国内外海洋监测方面的研究人员主要是针对水下传感器网络进行研究，而水上信息的传输则主要依靠卫星、无线电波通信，不仅花费高，更易被人截获，保密性不强。

美国国防研究部注意到海洋上每天都有许多船只进行海上作业，经过监测区域的一些船只或许可将数据带回监测中心，从而提出利用船只来传输监测数据的移动容迟网络。在船只移动容迟网络中，监测区域内的传感器节点收集监测信息，当船只经过该监测区域时，传感器节点将监测数据转发给船只，船只携带着监测数据继续航行，在经过部署在岸边的监测中心时将数据转发给监测中心，从而完成传感器到监测中心的数据交付。

随着容迟网络的应用不断扩大和流行以及对海洋环境重要性的认识，海洋容迟网络会有广阔的发展前景，今后的研究方向主要有以下四个方面：

第一，对于船只的移动模型，不同船只在任意时刻的航迹都是不同的，同一船只不同时间的航迹也不同。细化船只移动路径，减小航迹路径的误差。

第二，对于监测区域来说，将监测数据集中到船只可能经过的航线附近的传感器节点，可以增加消息的成功交付率。

第三，路由是所有网络的难点和重点。更好地传输监测数据，减少传输延时，是容迟网络发展的热点和难点问题。

第四，发掘船只工作的信息，分析船只的时间同步、信号定位等信息，为海洋监测提供基础帮助。

三、Argo 网络的建设与覆盖

Argo 是英文"Array for Real – time Geostrophic Oceanography"的缩写，即"实时地转海洋学观测阵"，俗称"全球 Argo 实时海洋观测网"。如同陆地上的气象站组成的天气预报观测网一样，单个的浮标相当于一个气象站，而世界大洋上分布广泛的 Argo 浮标就组成了覆盖全球的实时海洋观测系统。

伴随全球 Argo 实时海洋观测网建设诞生的国际 Argo 计划，是在 1998 年由美国和日本等国的海洋科学家提出来的，并得到 1999 年世界海洋观测大会的认可。该计划设想用 5 ~ 10 年时间，在全球大洋中每隔 300 千米布放一个由卫星跟踪的剖面漂流浮标（即"Argo 剖面浮标"），总计 3000 个，组成一个庞大的全球 Argo 实时海洋观测网，旨在快速、准确、大范围地收集全球海洋上层 0 ~ 2000 米的海水温度、盐度和浮标的漂移轨迹等资料，以提高气候预报的精度，有效防御日益严重的全球气候灾害（如飓风、龙卷风、台风、洪水和干旱等）给人类带来的威胁。

我国 2001 年加入了国际 Argo 计划，中国的 Argo 实时资料中心位于原国家海洋局第二海洋研究所，每天获取的观测资料被广泛应用于台风预测预报、远洋渔业生产和海洋资源开发利用等方面。截至 2015 年年底，已累计在太平洋和印度洋海域布放了 350 多个浮标，目前仍有 170 多个在海上工作。

　　然而，在全球 Argo 网络已经布放的约 1.2 万个浮标及目前活跃的 3900 多个浮标中，我国提供的浮标数量还是十分有限的。随着"21 世纪海上丝绸之路"建设的深入，我国正积极主导并优先推进覆盖海上丝绸之路的 Argo 区域海洋观测网建设。此外，随着我国在印度洋的海上运输、护航等活动的增多，对海洋环境保障提出了更高的要求；广西、云南等西南省份又受到印度洋季风气候的影响，都需要加强对印度洋的观测研究。

　　当务之急，我国应该务实推进与沿线国家在海洋科技、海洋环境保护、海洋预报与救助服务以及海洋防灾减灾与应对气候变化方面的交流与合作，开展联合区域海洋调查，建设海洋灾害预警合作网络，提供海洋预报产品，发布海洋灾害预警信息，使沿线国家和民众能够真切体验并更多享受到海上丝绸之路建设带来的福祉，从而能正确理解、支持和促进我国倡议的"一带一路"建设。

　　为此，中国 Argo 计划首席科学家、国际 Argo 指导组成员、原国家海洋局第二海洋研究所研究员许建平基于海洋战略空间的考虑，对其未来的发展提出了三点建议：

　　一是尽早掌控南海 Argo 区域海洋观测网建设与维护的主导权。在全球 Argo 框架下，积极争取国际 Argo 组织的支持，由我国主导南海 Argo 区域海洋观测网建设和维护，获得的信息、资料按国际 Argo 计划的相关要求，与相关国家共享。

　　二是积极推进 Argo 剖面浮标设备国产化。充分利用我国成功研制北斗剖面浮标的契机，加快北斗剖面浮标的定型和批量生产，使之能满足国际 Argo 计划提出的相关技术要求，并逐步用国产剖面浮标替代目前由国外浮标维持的中国 Argo 大洋观测网，在北斗导航卫星（BDS）已经覆盖的南海、西北太平洋和东印度洋海域，则完全采用北斗剖面浮标组建独立的海洋观测网。同时，应加快建设 BDS 剖面浮标数据服务中心，推动国产剖面浮标早日走出国门参与国际竞争，使之成为第三个为全球 Argo 海洋观测网提供剖面浮标观测数据传输的服务中心，进一步提升我国在国际 Argo 计划中的地位和作用。

　　三是邀请沿线国家共建覆盖海上丝绸之路的 Argo 区域海洋观测网。制定出台覆盖海上丝绸之路的 Argo 区域海洋观测网建设规划，联合印度洋周边国家共建覆盖海上丝绸之路的 Argo 区域海洋观测网，使之成为目前已建印度洋 Argo 区域海洋观测网的重要组成部分，积极主动地参与印度洋 Argo 区域中心日常活动并发挥作用，帮助沿线国家建立浮标资料接收中心，共享观测资料及其相关数据产品，协助相关国家加入国际 Argo 组织并参与相关国际和地区 Argo 事务，扩大区域海洋环境保障服务系统的作用及其影响力，为沿线各国海洋资源开发、海事安全、海洋运输、海洋渔业管理和近海工业，以及业务化海洋预测预报等提供基础数据与信息服务，从而为实现携手推动更大范围、更高水平、更深层次的大开放、大交流、大融合的"一带一路"宏伟目标做出积极贡献。

太空时代是海洋时代的继续

大陆、海洋和天空是人类亘古以来无法脱离的生存环境，无论是后现代、后工业、未来，土地、大海和天空都是不可缺少的。大地给予我们生活的物质基础，海洋提供了新的交通线，天空给我们超越地球的人类梦想。以大地、海洋、太空为中心的文明时代不是接替的，而是交融的，无论历史如何发展，它们对人类的意义都是重要的。人类经历了文明的演进，从"大陆文明"的传统模式，进入到与现代"物竞天择"的"海洋文明"模式互补的阶段。当今世界的文化发展已经进入到以"大陆文明""海洋文明"为基础，向"太空文明"发展的时间节点。人类活动的半径已从大陆、海洋拓展到外太空，有人把太空理解为"新海洋"，因而人类的文化视野必须大大拓展，任何盲目短视或僵化保守，都将失去大国崛起的重要机遇。人类的"太空文明"发展时代已然露出曙光。

未来进入太空时代之后，人类社会一方面在国际政治、军事、经济、社会等问题上日益依赖太空；另一方面，太空技术也正日益成为国家经济发展的助推器，国家军事实力的倍增器，国家军事和安全战略的赋能器，国家软实力的展示器。随着太空活动的日益频繁，太空呈现出"公地悲剧"的特征，太空安全问题日益突出①，主要包括以下三个方面：

其一，太空碎片增多，太空环境恶化，影响航天器进出太空、在轨运行。美国国防部太空监视网络跟踪编目的直径大约为 10 厘米的太空物体为 16 000 个，跟踪但没有编目的同样大小尺寸的太空物体大约为 23 000 个。所有被跟踪物体的 87% 是大碎片和无源卫星。直径大于 1 厘米小于 10 厘米的太空碎片大约 50 万个。碎片与碎片或卫星相撞，会产生更多的碎片，形成"碎片潮"，进一步加剧太空环境的恶化，形成所谓的"凯斯勒综合征"。

其二，在轨航天器增多，卫星无线电相互干扰的事故出现增多趋势。尽管技术进步确实可以缩小卫星与卫星之间的间距，但也要保持一定的距离，避免卫星转发器信号干扰。同时，卫星数量增多以及卫星间距较小，增大了卫星相撞的概率。2009 年 2 月，美俄卫星相撞成为历史上首例卫星相撞事故。

其三，由于卫星频率、轨道资源紧张，各国为此竞争激烈。原则上频率资源是无限的，但限于目前的技术水平，人类运用的频率极为有限。看似"无边"的太空，原则上可以容纳"无数"卫星，但事实并非如此，尤其是距地球 36 000 千米的静止轨道只有一条。尽管技术发展可以缩小卫星间距，但可容纳的卫星总数仍然有限。因此，各国对卫星频轨资源的抢夺日益激烈。

上述内容既涉及太空环境、资源与安全问题，也涉及"自然"与"人为"因素的相互交织，但更多体现为"人为"因素。太空"公地悲剧"缘于许多短视的、自私的使用者，试图在非排他性的公共物品使用中获益最大化，而不考虑其他使用者、有限的资源与环境以及对自身长期收益的负面影响。当公地资源与环境由于过分拥挤而退化时，使用者要想获得相同的收益，必须消费更多的资源，由此导致公地质量持续下降。

我们现在所谓的"太空时代"究其具体现状而言仅仅是"近太空"的时代，其使用的空间资源是相对有限的，这一问题与海洋时代所面临的困境相类似。当人类不断无计划地开发、占用海洋空间的时候，海洋空间的有效使用面积已然被缩减到一个临界的范围之内，一些海洋大国已经开始着手研究如何有

---

① 何奇松：《太空安全治理的现状、问题和出路》，载《国际展望》，2014 年第 6 期。

效利用海洋空间。诸如进行沿海湾区的综合利用调查，在临海地区及中心地区的再开发规划调查，进行各地区间的合作开发，进行以海洋水产业为主的沿岸区域和近海区域的综合开发等。

此外，在建设有综合设施的渔港、渔村的同时，注意环境保护，做到水绿景美，推进海岸开发事业，进行多目的利用海洋大型构造物的调查研究与开发，整治海岸并创造平静海域，建造多种海上控制设施，并且为充分利用临海区域，利用填海造地等手段建设新的海洋开发区，继续进行海湾整治，开发新的海上人工岛等。

相应的，我们也应该在开发太空，特别是"近太空"的同时采取类似于开发海洋空间的措施。首先在基于有效调查与研究之上也要有一定的计划，再者就是要加强国与国之间的合作交流，信息开放互通有无，将太空视为我们人类共同的空间。此外，还必须要有战略性的长远眼光，要有可持续发展的意识，只有这样才能真正开发好太空，让海洋时代的精神化作太空时代的理念，从而让全球的人类受益。

随着太空技术的不断发展，近些年我国已然实现海洋与太空的无缝对接。2002 年 5 月，我国第一颗海洋卫星"海洋一号 A"发射成功，结束了中国没有海洋卫星的历史。2007 年 4 月，第二颗海洋卫星"海洋一号 B"发射，实现了海洋水色卫星由试验应用型向业务服务型的过渡。2011 年 8 月发射的我国第一颗海洋动力环境卫星，填补了我国实时获取海洋动力环境要素的空白。2016 年 8 月，以海洋应用为主的"高分三号"卫星随着"长征四号丙"运载火箭划过清晨的星空，在天穹之上又增添了一颗光彩夺目的"中国星"。至此，包括海洋水色、海洋动力环境与海洋监视监测 3 个系列的我国海洋卫星体系已初步形成。如今，海洋卫星已经成为我们认识、研究、开发、利用和管控海洋不可替代的技术手段。海洋卫星可以说是人类在太空观测海洋的"第三只眼"。具体方式是通过我国现有的海洋卫星，能够全天时、全天候获取海面风场、浪高等多种海洋动力环境参数，并获取各个海域的海洋水色环境数据，还可以及时分发给海洋领域众多用户使用。同时，海洋卫星具有全天时、全天候、大范围、多尺度、同步、快速监测等优势，使得它在海洋环境监测与保护、海洋灾害预警报、海洋资源开发与管理以及国民经济和国防建设等方面发挥着重要作用。

海洋卫星一天绕着地球飞行约 14 圈，每圈约 102 分钟，一天经过我国境内约两到三轨，每轨约 20 分钟。海洋卫星在全球监测过程中，将监测到的数据存储起来，在过境时将我国近海实时监测数据和延时全球监测数据一并下传。基于我国海洋卫星数据，并结合国外卫星数据，海洋卫星在海温、水色、海冰、绿潮、赤潮、溢油、风暴潮、海洋渔业等方面开展了业务化应用，海洋卫星数据的应用得到进一步推广。

海洋卫星的典型应用案例有很多，通过海洋卫星地面应用系统业务化运行和数据分发服务，海洋卫星在国内外用户中得到了应用和推广，在我国涉海领域及国际合作等领域发挥了显著作用，取得了极大的经济和社会效益。

2008 年，青岛奥帆赛赛场爆发绿潮，一大片绿藻（浒苔）在蓝色的大海中步步逼近青岛，对奥帆赛海域造成严重影响。在这关键时刻，国家海洋卫星应用中心通过"海洋一号 B"卫星并结合其他卫星开展了应急监测，准确地预测了绿潮下一步发展趋势、漂移路径，在这场与绿藻的战斗中发挥了显著作用。

渤海、黄海北部每年都会发生不同程度的海冰，给近海养殖、海上航行和作业造成影响。国家海洋卫星应用中心通过"海洋一号 B"卫星结合其他卫星数据进行处理，能够反演出海冰分布的冰缘线、密集度和厚度以及海冰逐日的变化情况，制作海冰冰情实时监测通报提供给相关研究部门。

2018 年 10 月 29 日，我国在酒泉卫星发射中心用"长征二号丙"运载火箭成功发射中法海洋卫星。这是两国合作研制的首颗卫星，中方负责提供卫星平台、海风观测载荷以及发射测控，法方负责提供海浪观测载荷。中法海洋卫星装载有两台新型微波雷达，其中由我国研制的新型微波散射计能够对海面风速和风向进行高精度观测，具有大尺度、全天时、全球观测的特点，能够对海面台风等海洋环境监测发挥独特的作用。它将在距离地球 520 千米的轨道上 24 小时不间断工作，对全球海洋动力环境进行监测，将为海上船只的航行安全、全球海洋防灾减灾、全球海洋资源调查提供服务保障。

2016 年 6 月 9 日，"远望 7"号船又一次拉响远征大洋的汽笛，踏上蹈海探天之路。据悉，"远望7"号船列装后已陆续完成"神舟十一号""长征五号""天舟一号"等多次海上测控任务，并交出了首次同时跟踪火箭和飞船、采用变航向测量的新成绩单，标志着我国航天远洋测控能力实现新跨越。

随着太空文明时代的到来，其对传统价值也构成了更大的挑战，也使中国文化在某种程度上陷入"创新的危机"。太空文明时代起决定作用的数码、信息和网络技术，已经修改了新一代的文化编码，在此前提下人类思考问题的方式需要作相应改动。创新成为任何一位知识生产者和思想分泌者所不断追求的目标。[1]

在太空文明时代，文化立场尤为重要。太空的概念是时空合一，无论从思想的时间纬度还是空间纬度来看，问题思考者的身份立场都是关键点。太空文明在任何一个点都可以定位，定位不是指在陆地上的一个点，而是思想的定位，找到我们思想正确的位置。在太空文明时代，创新的方向需要做深度阐释。太空使我们朝向无限性，使我们意识到人类的渺小与孤独，同时也使我们意识到，未来的世界需要全人类的团结和和睦，创新应该成为人类的生活方式。

而在人类的历史上从未有过太空时代，如何去建立该时代的文化，笔者认为只有将其与太空文明最近的海洋文化进行对接传承，再根据其实际的需求进行重新整合，才能够建立起属于这个新时代的文化，而海洋的文化就精神层面来看包括以下三点：

其一是海洋的价值观念。海洋价值观是人类对海洋的认识，决定了人类面向海洋，走入海洋，利用海洋，开发海洋的行为。认识海洋的目的是找出海洋对人类的生存价值和意义，推动社会发展。

其二是海洋的思维方式。海洋生存空间的特点是流动的，决定了海洋活动群体的生产活动的移动性，决定了他们是"从海洋而非陆地的视角来安排这个世界"，形成以海洋为基点的世界观，由海洋确定陆地，海洋是世界存在的形式。从传统海洋时代到大航海时代，人类生存发展空间的开拓，是从陆地

---

[1] 王岳川：《太空文明时代与文化守正创新》，载《东岳论丛》，2010 年第 5 期。

向海洋同一个平面展开的。人类从竹木筏漂流到舟船远航，实现与大海彼岸的沟通和交流。大航海时代，突破海洋屏障的结果，是各洲大陆连成一体。在这实现过程中，人类的海洋观念得以提升，海洋思维意味着开放、沟通、自由。

其三是海洋的精神品格。海洋生产生活方式与陆地社会的差异，锻造了海洋人的品格特点。海洋社会的主体是船上活动群体。海洋生存境界的流动性、不确定性，决定他们处理危机的灵活性：勇于冒险，不守成规；勇于竞争，崇尚机遇；勇于救助，团结犯难。与外界接触互动的频繁性、多样性，决定心态的开放性、自由性：勇于接受新事物，求新求变。这些个人生存本能升华出来的品格，为集体所共识，为人们所效仿、继承，凝聚成船上社会的精神力量，并渗透到所有海洋群体的生产生活方式中。[①]

只有将以上三者中最精华的部分以具体的方式融入到太空的探索与开发之中，才能够让太空时代成为海洋时代的继承者。

----

① 杨国桢：《海洋文化研究与海洋文化建设》，见《瀛海方程——中国海洋发展理论和历史文化》，北京：海洋出版社，2008年，第60页。

第四章

陆海交汇：双面的近海

渤海、黄海、东海和南海是我国的四大近海。同时也是中国海洋战略空间最为基本的实践区域，对于四大近海战略空间的分析，可以对我们理解中国海洋战略的基本布局，把握未来战略空间的发展趋势有所帮助。

渤海海域战略空间

渤海是中国的内海，环渤海海域的三省二市亦是我国北方重要的政治、经济、文化中心。因此，渤海的战略地位尤为重要，其战略空间的拓展也是该海域得以腾飞的关键。

渤海位于北纬 37°07′—41°00′、东经 117°35′—121°10′，是一个深入中国大陆的浅海，其北、西、南三面被辽宁省、河北省、天津市、山东省包围，仅东面有渤海海峡与黄海沟通相连。渤海与黄海的界线，一般以辽东半岛西南端的老铁山角经庙岛群岛至山东半岛北部的蓬莱角连线为界。

渤海形似一个葫芦，南北长约 480 千米，东西最宽约 300 千米，面积 7.7 万平方千米。[①] 通常，把渤海分为五个部分：辽东湾，面积约 3.6 万平方千米，位于渤海北部，呈东北向，湾口的界线有两种说法，一是以河北大清河口到辽东半岛西南端的老铁山角连线为界，另外一种意见是以河北秦皇岛金山嘴至辽宁长兴岛西南角连线为界；渤海湾，面积约 1.75 万平方千米，位于渤海西部，湾口以大清河口至山东的旧黄河一线为界；莱州湾，位于渤海南部，湾口以黄河三角洲伸入海中的顶端至龙口的屺姆岛一线为界，然而也有人提出，要以黄河新入海口至屺姆岛一线为界，按后者的说法，莱州湾的面积约为 6996 平方千米；渤海中央区，为渤海的主体部分，位于辽东湾、渤海湾、莱州湾三个湾口之间，即辽东湾的南界为其北界，渤海湾的东界为其西界，莱州湾的北界为其南界，东至渤海海峡；渤海海峡，指辽东半岛西南端、经庙岛群岛至山东半岛北岸西端蓬莱之间的海域，长约 115 千米，宽约 100 千米。

----

① 孙湘平：《中国近海区域海洋》，北京：海洋出版社，2006 年，第 1 页。

一、"环渤海经济圈"战略空间概念

由于渤海特殊的地理位置以及其不可估量的经济前景（人口众多，资源丰富，港口交通、基础设施完善，技术条件优良），早在 20 世纪 80 年代，"环渤海经济圈"的战略计划就首次进入区域经济发展的视野，为中国的"经济圈"概念踏出重要一步，作为中国北部最具生机和活力的经济区域，在国际经济中心不断向亚太地区转移的大趋势下蕴藏着巨大的发展潜力。进入 21 世纪后，环渤海经济圈崭露头角，成为中国北方经济发展的"引擎"，经济学家也因此称之为继珠三角、长三角之后引领中国经济增长的"第三极"。

2014 年 2 月 26 日，习近平总书记在北京主持召开座谈会，专题听取京津冀协同发展工作汇报并作重要讲话。习近平指出："京津冀协同发展意义重大，对这个问题的认识要上升到国家战略层面。"他强调："要坚持优势互补、互利共赢、扎实推进，加快走出一条科学持续的协同发展路子来。"

2014 年 3 月 5 日，十二届全国人大二次会议上，李克强总理在政府工作报告中首次把加强环渤海及京津冀地区经济群协作列为当年一项重大任务。三地合作有了很快的进展，目前已经签署了三个地区的科技、防治污染、卫生协作、海关一体化、交通建设等合作协议和备忘录。国家也正在编制京津冀协同发展的整体规划。虽然中央的高度重视引起了国内外各界的关注和广泛热议，但是环渤海地区经济发展面临的问题也十分突出。

2015 年 2 月 10 日，习近平总书记主持召开中央财经领导小组第九次会议，审议研究《京津冀协同发展规划纲要》。4 月 30 日，习近平主持中央政治局会议，审议通过《京津冀协同发展规划纲要》，京津冀协同发展由此进入全面实施、加快推进的新阶段。2016 年 2 月，《"十三五"时期京津冀国民经济和社会发展规划》印发实施。这是全国第一个跨省市的区域"十三五"规划，是推动京津冀协同发展重大国家战略向纵深推进的重要指导性文件，明确了京津冀地区未来五年的发展目标。

30 多年来环渤海地区发展缓慢，究其原因，不仅包括区域内陈规难破、市场分割严重、经济发展缓慢等客观因素，也包括行政规划导致互相之间难以有效合作的问题。

目前看来，环渤海经济圈发展的首要问题是缺乏真正的"龙头"带动，由京津冀、辽东半岛、山东半岛三个相对独立的经济区形成了"三足鼎立"的利益格局：北京、天津、河北正在努力打造京津冀经济圈，山东努力筹划蓝黄经济带的建设，而辽东半岛正在借助振兴东北老工业基地的契机加紧发展辽中南地区。环渤海经济圈内的这三股力量在努力推进自身发展的过程中，却忽视了他们是更大的环渤海经济圈的一分子的事实，导致经济圈内存在严重的市场分割、产业趋同、重复建设和恶性竞争等问题。三个相对独立的经济区还未能从"囚徒困境"中走出，同时，三个经济区内部的各省、市、县之间也从自身利益最大化的角度出发，不断进行着诸多方面的利益博弈。①

从另一方面来看，这也是"政治经济"色彩浓于市场经济的一个突出表征，行政体制分割、各自为政、行政性区际关系削弱甚至替代了市场性的区际关系，以致经济圈内因地方行政主体利益导向而难以做到资源的优化配置及经济融合。除此以外，由于发展的各自为政而导致的非经济问题，包括生态、环境等状况也不容乐观。

基于此，环渤海经济圈未来的战略空间选择必须对症下药。

龙头带动。区域经济发展要靠一两个中心城市带动，珠三角靠广州、深圳带动，长三角靠上海、苏州、南京、杭州带动。环渤海的经济建设，与北京和天津的城市竞争力的提升关系密切。天津要努力建成现代化港口城市，成为我国北方重要的经济中心，北京要继续发挥政治文化中心的作用，同时建成为金融中心，积极发展高科技产业。京津经济整合机制一旦理顺，环渤海地区就有了核心和龙头，就有了推进与辽中南地区和山东半岛经济整合的条件。②

区域协作。打破省级行政区划，进行跨省区的统一规划已成为中国经济

① 钟世红等：《环渤海经济圈发展的新思路——基于跨区域治理的视角》，载《江汉大学学报（社会科学版）》，2014 年第 4 期，第 32 页。
② 张学梅：《环渤海经济圈发展的现状格局及其战略选择》，载《商场现代化》，2012 第 11 期，第 17 页。

发展的重要思路，各城市为避免被边缘化必须参与到区域经济一体化的发展中来。京津冀、辽中南和山东半岛等地区，应尽快形成以通勤为轴线的交通通道，将中心城市的一部分城市功能和产业扩散到近郊、远郊以及周边城市。反过来，大城市周边的中小城市可以借此承担一部分中心城市的功能，强化空间、功能上的互补。

产业分工。区域内各大城市间产业不应过分重叠，造成不必要的资源浪费。比如环渤海的三大核心区（京畿圈、山东半岛、辽中南地区）中，京畿圈是首都所在地，所以这个区域应该注重强化全国政治、科技、教育、文化中心和对外交往中心的作用，知识经济发展潜力大、优势明显。山东半岛在石油、石化与海洋化工、机械制造、电子、轻纺等领域有较好的产业整合机会，通过调整重组、企业搬迁和产业调整，促进传统产业优势整合，同时这个区域旅游资源丰富，统筹规划旅游路线，促进旅游业的发展。辽东半岛是以重型机械、造船、化工等为主体的重型工业基地，对于这个核心区，在原油工业的基础上，应该积极改造传统产业，提高制造业的生产效益，达到资源的优化配置。①

开放发展。一个地区经济发展应是开放型、外向型的，必须以市场为导向，在更大区域、更宽领域、更深层次上进行资源配置，决不能画地为牢，搞"鸟笼经济"。环渤海经济圈作为一个区域经济体也应如此，即联合起来共同发展外向型经济，携手出国闯市场。

除此之外，还要进行环境优化，从政务、政策、信用环境优化着手，推进区域经济的快速发展。

就近几年的发展潜力来看，环渤海地区将有望成为新的经济增长极。

从人口和土地的狭义统计口径来看，环渤海地区的土地面积占全国土地总面积的5.4%，是长江三角洲的2.5倍，比长三角和珠三角大很多。从人口总量上看，2013年环渤海地区总人口分别是长三角和珠三角人口的1.6倍和2.4倍，据2016年数据统计在2.3亿人左右。但环渤海地区的城市化率仅达

---

① 卢玉玺：《环渤海经济圈区域经济一体化发展的优势与对策探析》，载《瞭望环渤海》，2010年8月，第70－72页。

58%，低于长三角和珠三角地区。

从经济总量和发展过程看，2013年，环渤海地区三省两市的地区生产总值(GDP)已占全国 GDP 总量的 25.8%，长三角占 18.8%，珠三角约占 7%。从改革开放到 2013 年，环渤海地区生产总值平均增长速度达 11%，2013 年为9.9%，高于长三角地区一个百分点，经济增长速度后来居上。环渤海地区产业结构相比长三角和珠三角地区，第一产业比重较高，第二产业比重基本持平，第三产业差距最大。其主要原因是环渤海地区内发展不均衡，辽宁省、山东省、河北省发展程度相对较低。

从企业的组织结构看，2012 年，环渤海地区企业法人单位占全国企业总数的 23%，少于长三角地区的企业法人总量。从企业所有制类型来看，2012年环渤海地区国有企业数量占全国国有企业总量的 23.3%；私营企业占全国私营企业总量的 23.8%；外资企业占全国外资企业总数的 20%。与长三角和珠三角地区相比，环渤海地区国有企业在企业法人单位中占比较大，而且不乏大型企业和集团。因此需要进一步发展外向型经济，激励私营企业发挥作用，推动区域经济发展。

从经济增长方式看，2013 年环渤海地区进出口总额接近 1 万亿美元，占全国进出口总额的 22%，远低于珠三角地区同期的进出口总额。财政支出方面，国家对环渤海地区的支持和长三角地区相差不多。2013 年环渤海地区的财政支出是 2.7 万亿元人民币，人均财政支出 14 000 元，同期长三角地区人均财政支出 10 000 元。

2015 年，由国家发展改革委发布的《环渤海地区合作发展纲要》则进一步提出，京津冀协同发展，互利共赢初步形成，七省(区、市)合作发展取得积极进展，基础设施互联互通、生态环境联防联治、产业发展协同协作、市场要素对接对流、社会保障共建共享等重点领域合作取得实质性突破，合作机制基本形成并有效运转。经济发展和转型升级取得进展，整体发展水平和综合竞争力进一步增强，扶贫开发取得积极成效，区域城乡收入差距进一步缩小，总体实现基本公共服务均等化。生态环境质量有效改善、主要污染物排放总量减少，单位地区生产总值能耗持续下降，区域可持续发展能力进一步增强。

《2016 年中国海洋经济统计公报》显示 2016 年环渤海地区海洋生产总值 24 323 亿元，占全国海洋生产总值的 34.5%，比上年回落 0.8 个百分点；长三角地区海洋生产总值 19 912 亿元，占比为 28.2%，比上年回落 0.2 个百分点；珠三角地区海洋生产总值 15 895 亿元，占比为 22.5%，比上年提高 0.3 个百分点。

预计到 2030 年，京、津、冀区域战略空间的一体化格局将基本形成，环渤海地区协同发展取得明显成效，渤海海域的战略空间布局将进一步完备。

二、渤海海底隧道的规划与建设

环渤海南北两岸因渤海相隔，形成交通死角，海路、陆路都通行不便，影响着其经济发展。目前，从大连旅顺口到烟台蓬莱，直线距离只有 100 多千米。而如果走陆路绕行，则有 1000 多千米，这样本来可以半小时到达的距离，绕渤海走常规铁路，需要 10 多个小时。因此，自 2012 年以来，中国工程院针对渤海跨海通道问题开始了项目研究，经过各种数据分析对比等，2017 年国家批准此项目正式运行。预测将用 6 年的时间打通隧道，建成后它将成为中国最长海底隧道。渤海跨海通道的建设不仅缩短了大连到烟台的距离，还可以实现大连直达上海高铁的互联互通。同时，对促进环渤海区域经济全面协调一体化发展、振兴东北老工业基地、优化运输结构、巩固国防以及开发海上资源和能源等都具有十分重要的意义，拓展了近海海域的战略空间。

三、生态保护工作下海洋空间规划——环渤海区试点实施"湾(滩)长制"

2017 年 5 月，国家海洋局印发了《关于进一步加强渤海生态环境保护工作的意见》(以下简称《意见》)，明确率先在秦皇岛开展"湾(滩)长制"试点，并在环渤海区域全面实施，此外，还暂停受理、审核渤海内围填海项目。

而"湾(滩)长制"的实施，体现了国家层面对于海洋空间的战略思考，是一种全新的海洋生态保护管理形式，也将对未来海洋战略空间的拓展提供新的模式与可能。

党的十八大以来，以习近平同志为核心的党中央把生态文明建设纳入"五位一体"总体布局和"四个全面"战略布局，要求把生态环境保护放在更加突出的位置，用最严格的制度保护生态环境。近年来，渤海水质环境有所改善，但生态环境整体形势依然严峻，生态系统服务功能总体下降，必须要从事关国家海洋生态安全、京津冀协同发展国家战略实施以及环渤海地区人民群众的民生福祉的高度出发，进一步重视并加强渤海生态环境保护工作。

《意见》具体内容提出，要加快编制和修订海洋空间规划，加强入海污染物联防联控。全面开展环渤海污染源排查工作，列出非法和设置不合理入海排污口（河）的清理整顿清单，形成集中排放、生态排放区域的选划建议，并推动实施整改；以天津为示范，强化与近岸海域水质考核目标的衔接，逐步在环渤海区域全面落实以保护生态系统、改善环境质量为目标的总量控制制度；强化与"河长制"的衔接联动，率先在秦皇岛开展"湾（滩）长制"试点，并在环渤海区域全面实施。

《意见》发展目标明确，要加强海洋空间资源利用管控。提高生态环境准入门槛，禁止严重过剩产能以及高耗能、高污染、高排放项目，推动海域资源利用方式向绿色化、生态化转变；暂停受理、审核渤海内围填海项目，暂停受理、审批渤海内区域用海规划，暂停安排渤海内的年度围填海计划指标，深入开展渤海围填海项目后评估工作，为制定渤海生态环境综合整治和围填海管控措施提供依据；暂停选划临时性海洋倾倒区，调整完善海洋倾倒区布局，禁止倾倒除海上疏浚物以外的废弃物。

《意见》进一步提出，要加强海洋生态保护与环境治理修复。加快海洋保护区建设，建立海洋保护区分类管理制度，全面开展保护区内开发活动的专项检查和清理，推动建立海洋生态保护补偿制度，尽快出台海岛保护名录；强化自然岸线保护与修复，严格落实自然岸线保有率管控目标，划定严格保护、限制开发和优化利用三类岸线。

在此基础上，《意见》还要求加强海洋生态环境监测评价。强化"一站多能"和县级及以上海洋生态环境监测机构建设，重点建设海洋环境实时在线监控系统；开展渤海海洋生态本底调查和第三次环境污染基线调查，拟订渤海差别化污染排放标准，完善海洋环境质量综合评价等方法。要加强海洋督察执法与责任考核。落实国家海洋督察制度，对围填海管控措施、重点河口海湾治理、自然岸线管控目标、海洋生态红线制度等落实情况进行督察；依法制止和查处各类污染和损害海洋生态环境的违法违规行为；加快推进渤海近岸海域水质考核，建立自然岸线保有率管控目标责任制。

此外，还需要加强渤海生态环境保护关键问题研究和技术攻关。汇集现有业务科研力量，依托国家海洋环境监测中心，打造渤海生态环境保护与治理研究的平台，建立攻关机制，形成针对渤海资源环境关键问题的研究合力，尽快在生态环境保护理论、政策、制度和技术研究方面取得突破。

由此可见，此次《意见》立足于海洋行政主管部门自身职责，从规划引领、系统施治、严格保护、防范风险、提升能力、执法督察、科研攻关等方面形成一整套"组合拳"。

黄海海域战略空间

就地理区位而言，黄海是中国连接东北亚各国的重要门户。对于黄海战略空间的合理布局是我国处理与朝鲜、韩国、日本等国关系的重点所在。与此同时，黄海生态面临着不小的挑战，对于黄海环境战略的空间开拓，将有利于该海域经济与生态的长治久安。

黄海位于北纬31°40′—39°50′、东经119°10′—126°50′，也是三面被陆地包围的半封闭浅海，呈一反"S"状。北岸为我国辽宁省和朝鲜平安北道，西岸为我国山东省和江苏省，东岸为朝鲜平安南道、黄海南道和韩国京畿道、忠清南道、全罗北道和北罗南道，西北有渤海海峡与渤海相通，南部与东海相接，并以长江口北岸启东嘴与韩国济州岛西南角连线为界。一般以东西向最窄处的我国山东半岛成山角与朝鲜的长山串连线为界（宽约193千米），把黄海划分为两部分：以北称为北黄海，以南则以南黄海名之。黄海南北长约870

千米，东西宽约556千米，面积为38万平方千米，其中北黄海面积7.1万平方千米，南黄海面积30.9万平方千米。

一、东北亚海域跨国战略空间布局

从地理区位上我们可以看到，渤海是中国的内海，渤海的重点发展策略是协同环渤海区域的几个省份，加强其核心城市的交流与互动。而与此不尽相同的是，由于黄海特殊的地理位置，在制定黄海空间发展战略的时候，除了要加强沿岸城市的互动，还需要将关注的重点转向对外的交流与合作上，特别是与东北亚诸国的联系。

环黄海区域主要包括中国、朝鲜、韩国、日本这四个东北亚国家的合作，而俄罗斯、美国出于战略性的需要，也与环黄海地区各国建立了战略伙伴合作关系。可以说，当前环黄海区域既有各国家间的双边性合作，也有东盟与中、日、韩"10+3"会议、亚太经合组织、东北亚环境合作会议等多边性合作。尽管当前环黄海区域国际合作的重要性日益凸显，但是其发展现状仍然堪忧。

进入21世纪，中国经济实力不断增强，GDP总量已超过日本跃居世界第二。受2008年世界金融危机影响，世界两大经济体先后开展亚洲外交，世界经济对中国的依存度增加。金融危机前，国际经济秩序由七国集团（G7）主导，而危机后国际经济秩序由20国集团（G20）主导。同时，我们也应该看到跨区域经济圈迅速发展与大都市经济圈快速增加的基本现状，针对上述现状，环黄海合作战略必须有计划有目的地开展。[①]

要拓展合作的思路。黄海地区处于东北亚经济圈的中心地带，向南连接长江三角洲、珠江三角洲、港澳地区和东南亚各国，向东连接韩国和日本，向北连接朝鲜、蒙古国和俄罗斯远东地区。区域合作应从零星的、随机的局部合作，逐步发展为系统的战略合作。中国作为世界上经济增长速度最快的

[①] 王立国等：《环黄渤海地区经济发展与合作的战略构想》，载《天津大学学报（社会科学版）》，2012年第1期，第20页。

国家，要主动联系并推动各种形式的区域经济合作①。图们江三角洲开发一直得到联合国的关注和资助，图们江开发是中国与朝鲜、俄罗斯开展区域合作的有效途径。目前，延边地区开通了珲春—罗津和先锋—海参崴的旅游线路。而环黄海地区是中国与韩国开展经济合作的广阔舞台。区域经济合作中，主体是企业，而不是政府。区域经济合作中的政府职能就是为企业创造低成本发展环境。因此，各地政府可以紧密合作，更好地为企业创造低成本发展环境。

应逐步推进构建统一开放的区域性共同市场。市场一体化是区域经济合作的基础。环黄海地区作为一个区域经济体，想做到优势互补，协调发展，实现环黄海经济圈的快速发展，必然要逐步促进生产要素的自由流动与优化组合，促成区域内商品、资金和劳动力的合理流动。要在市场准入和监管、资金融通、人才交流和产业链的共建方面加强合作。今后，区域性的商品物流市场、产权交易市场、人力资源市场、科技成果及知识产权保护共同市场等逐步形成，将在实现资源共享、信息公用、提高资源配置效率等方面发挥更大作用。

加强商品、资本、劳动力三大要素的流动。日本面临人口减少及老龄化的困境，劳动力的老化及不足已严重制约经济发展。韩国近年来出生率持续降低，也影响其人口结构。因此，三国间劳动力的流动具有很强的互补性。尽管中、日、韩三国在人力资源合作方面具有较大的潜力，但在三大要素中劳动力的流动仍处于较低水平，与贸易、投资的蓬勃发展形成鲜明对照。日韩两国应放宽吸引劳动力的政策，缓解人口减少及老龄化带来的劳动力不足问题。同时，中国也可以大量引进日韩两国的退休技术人才，以缓解国内制造业和其他领域人才不足的难题。

加强海、空港物流领域交流与合作。随着区域内贸易的增加，环黄渤海地区物流量急剧增加。一是加强海运物流合作，港口城市在地理位置、功能作用等方面有着很多相似之处，因此需要不断扩大各种交流与合作。为了建

----

① 杨栋梁：《东亚区域经济合作的现状与课题》，天津：天津人民出版社，2004年，第13页。

立统一的国际物流市场，需要建立两个物流中心，一个是以天津为中心成立环渤海物流中心，另一个是以仁川为中心成立西海岸物流中心。这两个物流中心首先各自协调本国物流业务，然后再建立环黄渤海物流网络。二是加强航空物流合作，天津滨海新区国际机场目前人员及货物运输能力有限，而仁川机场虽然拥有现代化的设备，但本土物流资源有限，需要向中国延伸空港物流业务，同时，北九州也建立了 24 小时机场，因此，物流合作前景广阔。为了共同发展物流，应当进一步消除东北亚各国在物流方面的不必要限制，加强合作。

促进造船、机械、汽车等产业交流与合作。中国环黄海地区正在大力发展造船、机械、汽车等产业。而韩国西海岸地区由于通用大宇汽车、斗山机械、现代造船厂等的进驻，形成汽车、机械、船舶等产业集群。北九州地区是日本著名的汽车零部件生产基地。因此，应在环黄海地区建设汽车与汽车零部件制造业合作网络。目前，滨海新区已经与丰田等汽车企业进行了合作。从而带动丰田汽车配套的零部件企业纷纷到滨海新区落户。韩国船舶出口曾高达 450 亿美元，造船业约占国际市场份额的 40%，是世界第一大船舶出口国[①]。天津、大连都拥有较大规模的造船厂，但与韩国相比，在产品档次、生产效率、技术水平等方面还有差距。因此，中国需要整合国内造船企业，形成造船产业集群，提高并发挥规模效益。同时，中国造船企业要加强与日韩企业合作，共同提升技术水平，在东北亚地区形成更好、更广泛的产业交流合作平台。

加强高新技术领域交流与合作。21 世纪信息技术的突飞猛进，使拉动经济增长的产业由过去的传统产业逐步转向高科技产业。建设环黄海经济圈，必须大力发展高新技术产业，用高新技术来改造传统产业。通过扩大合作，发挥日本、韩国等国的先进技术、设备、工艺、经验和管理人才等优势，重点发展信息产业、生物工程、新材料和新燃料等高新技术产业。广泛开展环黄渤海地区各城市的科研院所、高等院校的紧密合作，加快产学研相结合的

---

① 马连树：《发展滨海新区与韩国西海岸经贸合作的构想》，载《东北亚学刊》，2011 年第 2 期，第 20 页。

科技创新体系。加快人才流动和培养，构建高层次人才自由流动的平台。开展多层次职业教育，培养高素质的技能型人才。通过信息共享、技术合作、劳动力流动、分工合作等来带动两个特区共同发展。通过合作，不仅能发展风力产业，还可以在太阳能、燃料电池、航空产业上共同发展①。

发展产业集群，扩大区域合作。不断壮大的产业集群是区域合作与发展的坚实基础。在现有各类工业园区的基础上，采取积极有效的政策措施，大力推进产业集群化进程，逐步形成完整的产业链经济和产业配套体系。环黄海地区应努力成为吸引世界制造业转移的领头羊，成为东北亚产业高地和经济中心。随着产业集群的发展，产业分工得到深化、细化，同一个产品的不同工序，都可能形成巨大的经济规模，对于区域产业的转移与区域合作的扩大都将是巨大的推动②。

扩大教育、医疗、休闲、购物、旅游等领域的交流与合作。天津与仁川是国际友好城市，相互间的往来密切。目前，两地之间有定期邮轮航班。随着天津滨海新区国际邮轮码头的启用，天津作为国际邮轮首发港，第一站就是韩国仁川港，旅游休闲业将成为两地一个重要的链接纽带。因此，应整合环黄海地区自然生态资源、历史文化资源、海滨旅游资源，形成沿海岸带集绿色走廊、人文景观、生态组团、海洋文化于一体的区域性休闲旅游线路。在环黄海地区共同设立旅游促进委员会，实现环黄渤海地区旅游资源共同开发和信息共享。旅游观光产业也是两个开发区共同关注的产业。

二、黄海的生态"红线"——海洋战略空间生态层面的重组

2017 年 4 月，辽宁省政府向社会通报，为确保黄海生态安全，资源可持续利用，辽宁省已正式实施黄海海洋生态红线制度。辽宁省黄海海域海洋功能区西起大连老铁山西角黄渤海分界线，东至鸭绿江口，海域面积 26 700 平方千米。在功能区范围内划定生态红线区总面积 6796.9 平方千米，其中禁止

---

① 金恒锡：《韩国新万金·群山经济自由区与天津滨海新区的开发战略》，载《东北亚学刊》，2001 年第 2 期，第 8 页。
② 刘牧雨：《黄渤海区域经济发展研究》，北京：中国经济出版社，2008 年，第 206 页。

开发区 16 个，限制开发区 36 个。划定大陆自然岸线 332 千米，划定海岛自然岸线 456 千米。预计到 2020 年，黄海近岸海域水质优良（达到国家第一类、第二类海水水质标准）比例达到 95% 左右。

按照海洋生态红线区的类型和所适用的相关法律法规及海洋生态功能，辽宁省将对黄海实施差别化的管理措施。开发区要禁止一切与保护无关的工程建设活动，不得占用自然岸线；开发区要限制一切改变生态红线区自然属性和影响生态红线区海洋环境质量控制目标的开发利用活动。

2017 年 10 月，辽宁省按照"保住生态底线，兼顾发展需求"的原则要求，在"确保海洋生态红线区的自然属性不改变、生态功能不降低、控制指标不突破、海洋环境质量不下降"的前提下，出台《海洋生态红线管控措施》，对管理控制措施进一步细化。

生态"红线"具体区域包括：

3 个重要河口生态系统（碧流河、大洋河、青堆子湾）；

4 个重要滨海湿地（大沙河口、城子坦、庄河口、鸭绿江口）；

6 个特殊保护海岛（三山岛、圆岛、獐子岛群、海洋岛、乌蟒岛、海王九岛及邻近海域）；

14 个海洋保护区（辽宁蛇岛老铁山国家级自然保护区、大连三山岛皱纹盘鲍刺参国家级水产种质资源保护区、大连老偏岛－玉皇顶海洋生态市级自然保护区、大连遇岩礁海域国家级水产种质资源保护区、大连星海湾国家级海洋公园、大连金石滩国家级海洋公园、辽宁城山头海滨地貌国家级自然保护区、大连圆岛海域国家级水产种质资源保护区、大连长山群岛国家级海洋公园、长海海洋珍稀生物省级自然保护区、大连长山列岛珍贵海洋生物市级自然保护区、大连海洋岛国家级水产种质资源保护区、大连海王九岛海洋景观市级自然保护区、丹东鸭绿江口湿地国家级自然保护区）；

3 个历史文化遗迹（老虎尾旅顺军港、黑石礁自然景观、大鹿岛）；

5 个滨海旅游区（大连海滨滨海旅游区、蛤蜊岛滨海旅游区、庄河黑岛滨海旅游区、长山群岛滨海旅游区、大鹿岛滨海旅游区）；

3 个重要渔业水域（鸭绿江口、长山群岛、大连南部海域）；

3 个濒危物种保护区(元宝岛黑脸琵鹭集中分布区、行人坨子黑脸琵鹭集中分布区、刁坨子斑海豹上岸点)；

6 个重要砂质岸线邻近海域(塔河湾砂质岸线、星海公园砂质岸线、星海湾砂质岸线、付家庄砂质岸线、棒棰岛砂质岸线、泊石湾砂质岸线)。

该措施首次明确提出在海洋环境影响报告书中要编制海洋生态红线专章等"十个首次"，对辽宁省海洋生态红线区实施最严格管控。此外，还专章规定了生态保护与修复内容，明确了生态红线区采取以封禁为主的自然恢复措施，辅以人工修复，改善和提升生态功能。在严格保护海洋环境的同时，提升海岸线自然景观，拓展亲海空间，提升百姓福祉，让海洋生态文明建设成果惠及越来越多的社会公众，并努力实现经济发展与生态改善的双赢。

黄海海域山东省范围内，海洋生物多样，生态敏感区多。早在 2013 年，山东就率先在全国建立了渤海海洋生态红线制度，划定了 73 个禁止和限制开发区。2015 年 4 月，山东省正式启动黄海海洋生态红线划定工作，研究制定了黄海海洋生态红线划定工作总体思路、编制大纲等，并委托原国土资源部青岛海洋地质研究所开展生态红线划定工作。

在划定过程中，山东省坚持了 5 条原则：保住底线、兼顾发展；分区划定、分类管理；陆海统筹、河海兼顾；有效衔接、突出重点；政府主导、各方参与。此外，还提出了黄海海洋生态红线的控制性指标，生态红线区面积占管辖海域面积的比例不低于 9%；黄海大陆自然岸线保有率不低于 45%，海岛自然岸线保有率不低于 85%。

山东生态"红线"区划定的空间范围为：北起山东半岛蓬莱角东沙河口，与渤海生态红线区衔接，南至绣针河口，向陆至山东省人民政府批准的海岸线，向海至领海外部界线，即为除渤海生态红线区划定范围外的山东省管理海域。共划定红线区 151 个，总面积为 3134.84 平方千米，占全省黄海海域总面积的 10.1%；划定自然岸线(滩)保有长度约 1087 千米，占全省黄海大陆岸线的 45.03%，实施期限为 2016—2020 年。

其中，黄海海洋生态红线区分为禁止开发区和限制开发区，禁止开发区 36 个，限制开发区 115 个。禁止开发区包括海洋自然保护区的核心区和缓冲区，海洋特别保护区的重点保护区和预留区；限制开发区包括海洋自然保护区除禁止开发区外的其他区域、海洋特别保护区除禁止开发区外的其他区域、重要河口生态系统、重要滨海湿地、重要渔业海域、特殊保护海岛、自然景观与文化历史遗迹、砂质岸线及邻近海域、沙源保护海域和重要滨海旅游区等。

此次，山东在全省沿海建立实施黄海海洋生态红线制度，还重点明确了三大主要任务，即有效推进红线区生态保护与整治修复；严格监管红线区污染排放，促进产业布局优化；加强监视监测、执法监督和污染处置能力建设。

江苏省根据海洋生态红线区、江苏大陆自然岸线和海岛岸线的不同类型特点，为该省海洋生态红线保护规划分区分类制定管控措施：禁止类红线区，禁止任何形式的开发建设活动；限制类红线区，实行区域限批制度，严格控制开发强度，禁止围填海和采挖海砂，不得新增入海陆源工业直排口，控制养殖规模。

纳入红线管控的大陆及海岛自然岸线，禁止实施可能改变或影响岸线自然属性的开发建设活动。强化红线区污染物排海管控与削减措施，加强生态保护与修复，对已遭受破坏的海洋生态红线区落实整治措施，恢复原有生态功能。

根据规划，江苏省将对连云港、射阳、滨海、响水等沿海侵蚀性岸线进行生态整治修复，落实秦山岛、竹岛、连岛、羊山岛、兴隆岛、永隆沙等海岛整治修复项目，建设生态岛礁，修复受损岛体，促进生态系统的完整性，提升海岛综合价值。海州湾海洋牧场示范区生态渔业建设工程，将开展渔业资源增殖放流与人工鱼礁建设，加强陆源污染物排海监管，发展生态渔业、循环渔业和绿色渔业。盐城、连云港岸线整治工程，将对两地侵蚀性岸线等重点岸段进行整治修复。秦山岛、连岛砂质岸滩的保护，亲水性岸线建设都已纳入规划，种植柽柳、芦苇、碱蓬，修复滨海浅滩湿地。秦山岛、羊山岛、连岛、竹岛等海岛，将开展生态整治修复工程，恢复受损海岛的地形地貌和生态系统。

除了生态修复，《江苏省生态红线区域保护规划》还推出了一系列海洋生态保护举措，比如深化海洋生态补偿制度，加大对海洋保护区（海洋公园）、海洋生态红线区等重点生态功能区生态修复建设的转移支付力度，开展蓝色海湾整治行动，推进重点海湾综合治理，改善海湾生态环境，提高自然岸线恢复率，改善近海海水水质，增加滨海湿地面积等。

接下来，江苏省的根本目标是将重要、敏感、脆弱的海洋生态系统纳入海洋生态红线区管辖范围并实施强制性保护和严格管控；有度有序利用海洋自然资源，构建科学合理的海洋生态安全格局、自然岸线格局；稳定自然岸线保有率，建立顺岸式围填海岸线占用补偿机制，确保顺岸式围填海形成的新增岸线长度不少于占用长度；引导离岸、人工岛式围填海，加强岸线分级分类管理；开展海洋生物多样性普查，建立健全江苏省海洋生物多样性信息库，开展海洋外来入侵物种防控工作。

到 2020 年，江苏省计划将海洋生态红线区面积提高到管辖海域面积的 27% 以上，大陆自然岸线保有率达 37% 以上，海岛自然岸线保有率达 35%，近岸海域水质优良比例达 41%。

三、注重黄海海域空间开发的战略安全

环黄海区域海洋发展战略虽然具有一定的优势，当下也取得了很大的成绩，但在海洋经济不断向深度和广度拓展的背后，存在着许多深层的矛盾和问题，掩盖了海洋生态环境恶化、海洋产业结构不健全、海洋社会问题等普遍存在的事实，从而制约了环黄海区域国际合作的推进发展。因此，必须要对环黄海地区的安全问题有一定的认识与预防。

首要的当然是应加快海军的现代化建设，加强与美国、俄罗斯等国家的军事演习合作，稳定区域内动荡的局势。同时，要把握新军事变革的规律，实施海军人才战略工程，加强武器装备的建设，实现科技强军的战略要求，发挥海军对于保护海上交通运输线安全的重要作用。

针对周边复杂的地缘政治状况和一些潜伏的矛盾与冲突，应加强双边或多边的磋商与对话，减少因交流闭塞或误判造成的摩擦或事故，用和平的方式处理彼此的争端。还要加强与周边国家在航线开辟、航道保护等方面的合

作，巩固、拓展、建立战略协作伙伴关系，共同应对海洋安全问题，以达到双赢或者共赢的目的。

最后，建立维护海上通道安全的国际性协议与法律法规，完善黄海海上执法制度，对于威胁海上通道安全的事项，各国要整合涉海部门的海上维权执法力量，采取联合行动，实现共同治理，维护整个海域的海洋安全，从而保障海上通道的安全与顺畅。除此之外，优化海洋产业结构，转变渔业生产方式等也是值得关注的安全焦点。

东海海域战略空间

东海是一个比较开阔的边缘海，位于北纬 21°54′—33°17′、东经117°05′—131°03′。西北接黄海；东北以韩国济州岛东南端至日本福岛与长崎半岛野母崎角连线，与朝鲜海峡为界，并经朝鲜海峡与日本海沟通；东以日本九州、琉球群岛及我国台湾连线与太平洋相隔；西濒我国上海、浙江、福建省（市）；南界的说法较多，其中比较普适性的一种是南至我国广东省南澳岛与台湾省南端猫头鼻连线与南海相通。东海的东北至西南长约1300千米，宽约740千米，面积为77万平方千米。东海西北角的杭州湾，位于浙江省北部、上海市南部，西起海盐县澉浦长山至慈溪、余姚交界的西三闸，东至上海市南汇县芦潮港至镇海甬江口连线，东西长90千米，湾口宽约100千米，面积为5000平方千米。

从区域经济的角度来看，东海沿海空间几乎是当前我国最具发展活力的地带，同时得天独厚的洋流优势也使得该海域渔业经济极为突出。此外，由于包纳了台湾海峡及周边岛屿，便使得东海海域战略空间的拓展存在着诸多悬而未决的挑战，因此对于东海海域战略空间的布局呈现挑战与机遇并存的局面。

一、东海渔业发展的战略空间格局

东海海洋渔业是东海地区沿海渔民的一项重要生计，经过50多年的发展，通过技术进步、生产海域扩展和设备更新，水产品年捕获量成倍增长，丰富的海产品为人类的福利做了重大贡献。

东海捕捞渔业是国民经济、社会发展的重要组成部分，在水产品供给方面发挥了重要作用。据统计，2015年约占全国水产品总量的23%，是国家食物供应的重要来源之一。从产业链角度来看，东海捕捞渔业发展的同时，还带动渔船渔机修造、网渔具设计与制造、水产品运销及旅游、休闲、餐饮等相关产业的发展，对国民经济发展具有积极的促进作用。

同时，东海捕捞渔业是维护沿海渔区社会稳定的重要基础。东海捕捞渔业是沿海传统渔区渔民生产生活的重要依附载体，同时也是沿海省份进行基层管理的重要抓手。虽然我国实施海洋捕捞渔船"双控"制度多年，但近海捕捞机动渔船数量规模依然较大，这些渔船承载了大量的渔业劳动力。可见，近海捕捞渔业不仅是一个产业门类，还是沿海渔区承载的就业、生产生活、基层管理等功能的重要依托。

但是，随着渔船功率的不断增加，强大的捕捞能力与有限的作业渔场、脆弱的资源基础之间的矛盾日益尖锐，已严重威胁东海地区海洋渔业的可持续发展。[①] 自20世纪70年代中期以来，东海区渔业资源就已出现过度捕捞状态，重要的传统经济种类资源出现严重衰退，渔业资源处在预警的状态，并随着时间的推移，情况逐渐加重。

故此，我们必须对东海渔业资源有目的地实施可持续的发展战略。

首先，要改变传统的渔业资源价值观，形成渔业资源具有价值的观念。在传统的经济和价值观念中，认为没有劳动参与的东西或不能交易的东西就没有价值，因此认为渔业资源没有价值，可以无偿利用。渔业资源的现行价格只包括了捕捞生产的成本，没有包括渔业资源本身的价格。因此，渔业资源价值的构成不完善，带来了人们对渔业资源的不合理利用，大大降低了渔业资源的利用效率，导致渔业资源利用的严重浪费，同时也导致了海洋渔业生态系统的破坏和环境的恶化，阻碍了人类社会对渔业资源的可持续利用。这种资源无价或低价的现实是造成对渔业资源不合理利用的主要原因。为此，

---

① 杨建毅：《浙江省海洋捕捞渔业可持续发展状况分析》，载《上海水产大学学报》，2004年第2期，第140页。

必须纠正长期流行的渔业资源无价的观点，重新确立资源是具有价值的观点。[1]

其次，建立东海海洋渔业资源有偿使用制度，逐步实现海洋渔业资源的资产化管理。经济学理论认为，能够带来收益的东西称为资产，渔业资源的开发和利用能给我们带来巨额的收益、财富和丰富的蛋白质，因此渔业资源无疑属于资产行列。既然是资产，就应该作为资产来管理，对渔业资源实行有偿开发利用、有偿使用制度。必须将海域作为大陆上的土地同等看待，纳入资产管理的范围。海洋渔业资源的无偿使用是导致我国近海渔业资源衰退的主要原因，"靠海吃海"却不养海，自由捕鱼而不受限制，资源浪费和破坏严重，制约着东海渔业的可持续发展。因此对东海渔业资源必须实行资产化管理，生产者和经营者必须承担起资源保护和资源增殖的责任，合理利用和开发。[2]

再次，加强东海渔业资源的产权管理，实现渔业资源的产权转化。在实践中，资源的使用权和所有权相互混淆，甚至合二为一。渔业资源产权管理的混乱，使资源的所有者得不到资源使用者应交的回报，资源的所有权无法实现。资源的使用者则因无产权管理的约束，并不承担应有的对渔业资源进行保护、更新、再生的责任和义务。同时，作为保护和维护渔业资源再生、更新的资源产业部门，因缺少国家足够的投入而日趋萎缩，难以为继。因此，我们要严格区分渔业资源的所有权和使用权，明确对渔业资源的开发，既要获得利益，又要承担保护渔业资源的责任和义务。此外，要建立和健全渔业资源产权有偿转让的市场机制和市场体系，促使资源产权合理转让和自由流动，从而促进渔业资源得到最有效的配置，取得最大的经济和社会效益。[3]

第四，开展东海渔业资源的实物和价值量核算，并纳入国民经济核算体

----

[1] 李金昌：《试论资源可持续利用的评价指标》，载《中国人口·资源与环境》，1997年第3期，第40页。

[2] 陈新军：《海洋渔业资源可持续利用评价》，南京：南京农业大学，2001年博士学位论文。

[3] 周怡等：《论东海渔业合作的国际法模式》，载《法学评论》，2014年第3期，第113-115页。

系。现行国民经济核算体系主要指标中的国民生产总值和国民生产净值，包括了各部门生产的全部商品和服务价值，考虑了固定资产折旧，但没有考虑包括渔业资源等在内的自然资源的消长和环境质量的变化，完全忽视了越来越大的环境价值。这种核算体系很难准确地反映自然资源耗竭与国民经济发展之间的关系，很难揭示渔业经济发展的实际水平和渔业资源耗竭的实际程度，很难将渔业经济发展与资源有效利用和保护有机结合起来，并由此会导致出现"虚假的繁荣"和"资源空心化"等不可持续的现象。

海洋渔业资源作为一种重要的海洋自然资源，其产值占我国海洋经济的50％左右，但是在现行的国民经济核算体系中，并没有对渔业资源进行核算。主要体现在：渔业资源的无偿使用，认为渔业资源是没有价值的，渔业资源的价值和变化更没有在国民经济核算体系中得到反映；对渔业资源的储存量、变化量和使用量没有进行核算，不能反映渔业资源枯竭程度与渔业经济发展之间的关系；对渔业资源不折旧，渔业资源难以维持再生产；海洋渔业产量持续攀升，而资源基础却日益衰退。因此，在这种背景下，要确保渔业资源的可持续利用和渔业经济的可持续发展，必须重视和关注对渔业资源的核算。[①]

通过对渔业资源的核算，可以全面、客观地评价我国海洋渔业经济发展的状况，可以全面、客观地评价未来渔业资源的发展潜力，可以为持续利用渔业资源提供有价值的信息，具有防止资源基础过度消耗、防止泡沫产量、判断资源利用可持续性等作用。渔业资源的核算及将其纳入国民经济核算体系研究本身并不能直接解决潜在的资源危机和渔业资源衰退的状况，但是为这种危机的解决，为渔业资源的可持续利用提供了判断标准、信息基础和操作工具。渔业资源核算是对一定时间和空间内的渔业资源，在其合理估价的基础上，从实物、价值和质量等方面，统计、核实和测算其总量和结构变化，并反映其平衡状况与投入产出效益的工作。[②]

----

① 国家海洋局：《中国海洋 21 世纪议程》，北京：海洋出版社，1996 年，第 27 页。
② 杨秀苔、蒲勇健等：《资源经济学——资源最优配置的经济分析》，重庆：重庆大学出版社，1993 年，第 208 页。

第五，实行资源的社会再生产，建立东海渔业资源产业。资源的再生产包括了自然再生产过程和社会再生产过程。对渔业资源来说，鱼类的自身繁殖就是自然再生产。而人类的养殖、增殖以及渔业资源的保护和养护、渔业生态环境的改善等，属于社会再生产过程。在人类日益加大对渔业资源需求的情况下，由于其自然再生能力的有限性，完全依靠自然再生是不可能的。因此，人类已从单纯地向海洋掠取和占有渔业资源，转向保护渔业资源和加强渔业资源再生的社会生产过程。通过增加社会投入，保护、促进资源的新陈代谢和再生循环，不断扩大资源的再生过程，这一过程就是渔业资源产业的具体内容。资源产业充分运用了生态学和经济学原理，通过资源的保护、再生、增殖、勘探等手段不断提高资源基础，增强资源的再生能力，提高了资源生态阈值。具体来说，包括大力发展人工鱼礁、营造渔场环境、发展增养殖业和海洋牧场等。资源产业是实现渔业资源可持续利用和渔业可持续发展的重要内容，通过发展资源产业，从而使东海渔业资源得到可持续利用，同时，也将有利于自然渔业资源系统与社会经济系统的平衡发展，有助于建立起渔业资源合理开发利用的新的运行机制。

第六，要积极调整东海产业结构，依靠科技促进产业升级，大力发展第三产业。东海的海洋捕捞是传统海洋产业，在我国海洋经济发展中占据着重要的位置，面对当前的东海近海资源状况、国际渔业管理趋势，我们必须要实行渔业产业结构调整。渔业产业结构要以国内外市场为导向，以提高渔业的经济效益为中心，优化资源配置，发展以海洋捕捞和海洋增养殖为主导产业，形成渔业生产的产加销、渔工贸一体化的经营机制，促使传统渔业向现代化渔业转变。

"海洋农牧化"是实现海洋渔业资源综合开发和发展渔业资源产业的重要举措，建立在高新生物技术基础之上，对养殖对象进行品种培育和改良，对"牧场"实行微机管理和人工改造，加快大生态系统中物质、能量的转化和流通，提高海洋生产效率。因此需要研究和掌握浅海滩涂的最佳生物容量和生物区系结构以及鱼、虾、贝、藻综合增养殖模式和技术，优化养殖结构，合理、充分地利用水域养殖容量，实施海洋农牧化战略。

同时研究对虾、鲷、梭、鲆等优良增殖对象，并进行大批工厂化育苗、放流和发展驯化技术。应用生物高技术培育高产、优质和抗逆的增养殖优良品种，为发展海洋农牧化创造条件。依靠科技进步来实现海洋渔业资源的可持续利用和产业升级。将高新技术应用到渔业开发和水产品的利用中，开发功能食品和保健药品、药物，提高附加价值。

水产品的加工是提高附加值、高效利用资源的重要手段，积极发展中上层鱼类和低值鱼、虾、蟹的加工和综合利用技术，加大低值海产品及下脚料的利用。通过一些高科技的生物技术手段，从海洋生物体内提取或间接生产具有广泛医用价值或保健作用的产品，提高海洋生物资源的利用率，深入研究从海洋生物体内提取海洋药物、化工原料和高活性物质及各类添加剂的综合技术。积极引导和发展休闲渔业。休闲渔业是渔业与休闲、娱乐、旅游、餐饮等行业的有机结合，是第一产业和第三产业的优化配置。[①]

最后，同时也是最为重要的一点，那就是严格控制并逐步减少东海渔业资源的捕捞强度，减少非选择性的渔具渔法，实行捕捞限额制度。

二、地缘政治视域下的东海战略空间

渔业捕捞权是维护国家海洋权益的重要力量，是海权的一项重要内容和主要表现形式，其特有的灵活性、广布性、群众性对维护国家海洋权益具有不可替代的重要作用。在我国主张的管辖海域面积中，约有160万平方千米与周边国家存在争议，其中，中日争议海域面积达30万平方千米、中韩争议海域面积达16万平方千米，南沙群岛、钓鱼岛、苏岩礁等领土归属问题上的斗争则更显激烈，而我国福建、台湾、浙江等地渔民在相关海域的实际存在与长期捕捞生产作业，则是彰显和维护我国海洋权益的重要力量。

当然，除了关系到国计民生的渔业经济以外，东海的地理位置决定了其在国际关系的博弈中常会被推向风口浪尖。从地缘政治角度来说，东海

---

① 卓友瞻：《发展休闲渔业，振兴渔区经济》，载《中国渔业经济研究》，2000年第1期，第5页；邵力浩：《宁波海洋经济发展模式浅析》，载《商场现代化》，2012年第6期，第48页。

处于围绕整个中国海岸线的第一岛链上的重要区域，是中日两国海上能源运输的重要航线，对两国的经济发展至关重要。同时，东海海域也是中国海防的重要区域，是俄罗斯南下战略、美国进入东亚、中国进入太平洋的必经区域。

地缘位置的好与坏与一国的军事发展密切相关。众所周知，地缘位置优越，将大大有利于一个国家的军事发展，在发生战争时能够让一个国家的军事攻击更加便捷有效，能够增强一国的远洋作战能力，也将在战争中最大限度地打击敌人，更容易在战争中获胜。反之，便会在战斗中处于下风。显然，一旦中国失去东海的主权，将大大缩小中国的发展空间，中国海洋战略的实现也将受到巨大阻挠，同时会制约我国海军的建设和发展；当发生战斗时，会给我国的军事部署和作战方式以及军事利益造成重大损害。

由此可见，中日之间谁掌握了东海的控制权，谁就占据了发展的主动权。当下，中日之间关于东海的争端主要体现在两个方面，即"重合的经济区怎么划分"以及钓鱼岛的归属问题，而中日东海"油气之争"正是"经济区划分"争端的具体导火线。

2015 年 7 月 21 日，日本内阁会议批准了 2015 年版《防卫白皮书》。日本除了继续在东海、南海问题上大放厥词，还特别提及了中国东海油气田的开发，并用"日本已反复提出抗议，并要求中国停止作业"的字样进行描述。22 日，日本外务省网站特地公布了中国东海油气田照片。7 月 24 日，中方外交部便进行了回应，指出东海的油气开发活动是在东海无争议的中国管辖海域进行的，是中国主权权利和管辖权范围的事情，是完全正当、合理、合法的，日方无权说三道四。我们注意到，日方对此反复进行无理的纠缠，甚至公开指责中方油气开发活动带有军事目的，目的是要制造和渲染"中国威胁论"，为其国内通过新安保法案制造借口。

中日两国是隔海相望，一苇可航的邻邦。东海划界问题看似法律上的困境，其实质仍是中日结构性矛盾中一个特定的侧面表现。国际社会的无政府状态使得当争端发生时，难以出现一个具有类似于国内社会的、对各主权行为体具有普遍约束力的权威机构进行强制性裁决。① 因而，当重大的利益分歧发生在法律效力解释曲度很大的两个国家之间时，其实质往往不是简单的司法问题，背后的权力逻辑往往成为左右司法进程的重要因素。

因此，解决中国在东海的海洋权益争端问题，从战略层面讲，东海战略要服从于整体海洋战略，海洋战略要服从于整体崛起战略。具体战略进程中要求决策层具有宏观的视野感和历史的高度感。有学者认为，在追赶与僵持阶段应奉行"缓进战略"，即以空间换时间、以拖待变、以压促谈、以武促和。

在此战略结构上提出的基本对策为：在结构性压力导致的安全困境与零和博弈状况下，权力结构与观念结构的二维重塑是摆脱中日结构性矛盾的根本方法；在国际法依据上，借鉴北欧国家在北海权益划界中的成功经验，提出在该阶段培育中日合作开发东海资源的"北海布伦特模式"；在社会层面上，主张理性爱国、强化政府及主流媒体对民众情绪的正向引导。②

三、东海战略空间的根本保障——东海舰队的建设与军地联系的发展

中国人民解放军海军东海舰队是解放军的第一支海军，其前身为华东军区海军，于1949年4月23日在江苏省泰州白马庙成立，张爱萍将军任首任司令员兼政治委员。1955年9月23日中华人民共和国国防部发布命令，华东军区海军正式更名为"中国人民解放军海军东海舰队"，为中国人民解放军海军三大舰队之一，舰队司令部驻上海，20世纪70年代迁驻浙江省宁波市。

如今，随着国防工业的发展，东海舰队陆续装备了新型飞机、潜艇、水面舰艇和勤务舰船，逐步发展成为一支由多兵种及专业勤务部队组成的海上作战力量。

----

① 郭振雪：《美国南海问题政策演变的海权分析及中国的应对之策》，载《延边大学学报（社科版）》，2011年第3期。
② 张丽华等：《制动与冲突：解决中日东海权益争端之战略与对策》，载《东北亚论坛》，2014年第6期，第46页。

东海舰队现隶属海军和东部战区，所涉辖的海区是我国目前军事斗争准备最迫切的方向所在，并且历来是海防任务最严峻的斗争前沿。20 世纪 90 年代末，中国从俄罗斯连续购入 4 艘"现代"级驱逐舰，并全部配属东海舰队，使东海舰队多年来都是海军最为精锐的"拳头"所在。

2013 年，东海舰队装备了"济南"号导弹驱逐舰。"济南"号为我国自行研制建造的 052C 型导弹驱逐舰，长 155 米，宽 17 米，标准排水量 5700 吨，满载排水量 6000 余吨，可单独或协同海军其他兵力攻击敌军水面舰艇、潜艇，具有较强的远程警戒、探测和区域防空作战能力。该舰的服役，拉开了我军历史最悠久的一支水面舰艇部队全面换装的帷幕。新舰的陆续入列表明我国海军已经完全具备了区域防空和远海机动作战的能力，能够有效应对东海的各种突发事件和海洋权益争端。

2016 年 3 月，东海舰队与交通运输部东海航海保障中心举行联合保障机制框架协议签字仪式，这标志着东海舰队与地方相关部门在东海海域航海保障方面的合作步入常态化、制度化轨道，对于保障舰艇航行安全以及东海海域未来的战略空间具有重要意义。

航海导航保障是建设海洋强国的重要基础，是发展海洋经济的重要支撑，也是舰艇进行正常巡逻和训练的重要保障。近年来，东海舰队与上海海事局、东海航海保障中心等地方相关部门的合作日益紧密，双方通过开展联合演练、共享航海资料等方式，在联合保障、联动协作等方面积累了丰富经验。

联合保障机制框架协议的签订，是军地双方立足东南沿海方向国防和经济建设大局，发挥各自航海保障优势开展的全方位深度合作，是落实军民融合发展、推进海洋强国建设的具体行动，对于东海舰队与东海航海保障中心深化军民融合、实现互利共赢有着重大的现实意义。

根据协议，军地双方将按照"需求牵引、统筹衔接、资源共享、共同推进"的原则，建立航标联动维护、航道安全管控、应急体系建立、信息融合共享等合作机制，积极推动双方航海保障资源共享融合，不断扩大东海航海保障中心航海保障力量对东海舰队舰艇安全航行、军事演习和港口活动安全保障的支撑作用，进一步推进海军航海保障模式的转变。

南海海域战略空间

南海，位于北纬 3°00′—23°37′、东经 99°10′—122°10′，是亚洲三大边缘海之一，属于西北太平洋的一部分。它背靠中国华南大陆，东临菲律宾，南至加里曼丹岛，西接越南及马来半岛，总面积约 350 万平方千米，平均海深 1212 米，是太平洋的一个半封闭型海。包括东沙、西沙、中沙和南沙四个群岛，共有 270 多个岛屿和海礁。濒临南海的国家有中国、越南、柬埔寨、泰国、马来西亚、新加坡、印度尼西亚、文莱和菲律宾等国，处于东南亚中心地带。南海是世界上第二大海上航道，仅次于欧洲的地中海，是多个国家的海上生命线。我国在南海传统疆界内面积约为 200 万平方千米，水深大于 300 米的海域面积约 150 万平方千米，占 75%；而水深小于 300 米的海域面积约 50 万平方千米，仅占 25%。南海拥有丰富的自然资源，其主要战略资源包括油气资源、植物资源、水产资源、海鸟资源、动力资源、矿产资源等，其中油气资源是最为重要的战略资源。

由此之故，其战略位置就显得格外突出，而对于南海海域战略空间的拓展，将不仅关系到中国海洋空间的未来发展，更是其沿岸多国海洋战略博弈的关键所在。

一、南海海域国际间战略空间博弈

现代南海问题的出现始于 20 世纪 70 年代，以中国和南海周边国家为主体的利益相关方的国家博弈近 70 年。"冷战"结束和国际政治格局的新变化不仅没有为南海问题的解决带来契机和正能量，反而使南海问题更加复杂并急剧地由地区热点上升为国际热点，利益相关方的角力也越发激烈并出现许多新的情况和特点，使未来南海相关方的利益博弈和问题的解决充满不确定因素和变数。因此，我国的南海战略从本质上看属于国际关系的战略范畴，其中主要包括中马、中越、中菲以及中美之间的博弈。

(一)中方与马来西亚

马来西亚是南海问题的重要当事方,也是中国在东盟重要的合作伙伴。2014 年以来,随着南海局势持续升温,由于受以美国为代表的域外势力对南海问题不断加大介入力度,以及菲律宾、越南等部分声索国鼓动的影响,马来西亚的南海政策发生了"偏离"中国的转变,对华战略忧虑明显加深,中马两国在南海的良性互动朝着竞争冲突方向倾斜的趋势凸显。有学者认为,2014 年马来西亚的南海政策呈现出三个转变的态势,即三个"转向":"转向"更为明显和强烈的对华戒备心理,特别是马来西亚计划在曾母暗沙附近海域强化军事部署,就是对中国加强在南海执法和维权行动的一种战略反应和预防性措施;"转向"寻求美马战略接触与合作,继续实施其政治安全上的"大国平衡"战略,试图抓住美国战略重心东移的契机,利用中美之间的战略互疑,以美国平衡中国不断增长的军事力量和地区影响力,维持南海地区均势;"转向"强化与菲律宾、越南的联合与协作,寻求争议国间和东盟组织的团结,进一步抗衡中国在南海不断扩大的影响力。①

但近年来,中马关系有了转机。

2016 年,中国海军护航编队造访马来西亚巴生港,11 月初,马来西亚总理纳吉布在访华时也和中国签订了两国间首个重量级防务协定。此外,11 月下旬,中国与马来西亚共同主办以人道主义救援联合行动为主题的"和平友谊 - 2016"联合演习。双方高层表示,本次演习将会对两国军方交流内容、规模层次和深度合作起到一个示范效应和引领作用。

2018 年是中马建立全面战略伙伴关系 5 周年,也是马来西亚新政府上任的开局之年。中国国务委员兼外交部长访问了马来西亚,双方旨在聚焦合作,谋划南海全方位合作新蓝图,推动中马合作迈上新台阶,共同开启中马全面战略伙伴关系的新篇章。

----

① 陈相秒:《2014 年马来西亚南海政策评析》,载《世界经济与政治论坛》,2015 年第 3 期;骆永昆:《马来西亚的南海政策及其走向》,载《国际资料信息》,2011 年第 10 期;刘一斌:《中马关系:从平淡到全面战略伙伴》,载《湘潮(上半月)》,2013 年第 11 期;赵海立:《中马关系及其前景:建构主义视角下的思考》,载《南洋问题研究》,2005 年第 3 期。

（二）中方与越南

近几年来受南海局势的影响，越南与中国的关系可以用"跌宕起伏"来形容。2012 年，越南国会通过《越南海洋法》，中国则针锋相对批准建立三沙市，中越在南海主权上的争端日益激化，双方高层往来近乎停滞。2013 年，两国关系缓和并恢复高层往来。然而时隔不到一年，2014 年 5 月，中国在南海设置钻井平台进行油气勘探活动，引起越南的抗议，两国船只在海上发生多次对峙与冲撞。越南不断向外发声谴责中国，以寻求国际支持；5 月中旬，越南国内发生大规模反华骚乱，造成中国公民死伤，中越关系降至近 30 年来的最低点。

之后，越南国内出现了对中国应奉行强硬立场、减少并摆脱对中国政治经济的依赖等言论和主张。喧闹之后，最终越南还是选择回到理性沟通的轨道。毕竟越南与中国是搬不走的邻居，更何况全球化时代国家间的相互依存不断加强，尤其是在经济领域，越南对中国的依赖也日益加深。近 10 年来中国一直是越南最大的贸易伙伴国，双方高层和民间的各种政治、经济、文化交流活动也逐步展开。虽然争议与矛盾难以在短期内化解，但双方都本着向前看的态度，"不采取使争议复杂化、扩大化的行动"，理智地面对并应对危机，在可控的范围内进行沟通协调，以形成双方都能接受的危机管理方式。[①]

2017 年 11 月 12 日，中共中央总书记、国家主席习近平抵达河内，开始对越南进行国事访问。之后，两国高层领导的频频会面反映出中越关系正在朝积极方向发展。

中国近年来加强了三沙岛礁的基础设施建设。同时，中国也加强与越南的沟通，共同管控好在南海问题上的分歧，以和平的手段和谈判的方式来解决双方之间的争议。中越友好依然是主流，不过在南海问题上仍有一些不协调的情况。

----

① 蔡鹏鸿：《中越应成为南海和平合作的典范》，载《社会观察》，2015 年第 3 期；许梅：《2014 年越南政治、经济与外交综述》，载《东南亚研究》，2015 年第 2 期。

（三）中方与菲律宾

在东南亚众多国家中，菲律宾在南海争端中的立场一度最为强硬，突出表现为黄岩岛争端。近年来，菲律宾不断挑衅中国，唯美国马首是瞻，以获得美国在经济和军事方面的援助。[①] 菲律宾为了积极配合美国的重返亚太战略，采取一系列举措，频频在南海制造冲突，擅自在南海有争议地区勘探石油，为南海问题国际化大造舆论。同时，还不断增强美菲军事联系。毫无疑问，在菲律宾与中国的海域主权争议加剧的时刻，美菲军事合作呈现加速增强的势头。为了进一步扩大管辖海域，菲律宾继续部署占领岛屿的驻军。虽然中国一再强调南海是中方固有领土，不适用于《联合国海洋法公约》，不接受菲律宾所提"仲裁"，但2013 年 7 月，相关"仲裁法庭"不仅成立还启动了所谓的"仲裁"程序，使南海争端进一步复杂化。2014 年伊始，菲律宾又在中国南沙中业岛上大兴土木，并宣称已经把中国黄岩岛置于其西部军区管辖下，以逞口舌之勇。

可喜的是，2016 年中菲关系实现转圜，在杜特尔特总统就任后，首次对东盟以外的国事访问就选择了中国，选择了对华友好。中国也向菲律宾人民张开友谊之臂，伸出合作之手。习近平主席热情接待了杜特尔特总统，双方就全面改善发展中菲关系达成重要共识。中菲关系的这一华丽转身，标志着南海问题重回对话协商解决的正确轨道，意味着有关国家利用南海问题搅乱地区局势的图谋彻底破产，也为中国与东盟国家进一步深化合作扫除了障碍。

（四）中方与美国

20 世纪 80 年代中期之前，美国政府对南海的关注度并不是很高。在对亚太地区的安全格局，包括亚太地区的海洋争端及其他资源争端进行评估以后，美国认为这些将对美国在亚太地区的利益形成潜在的威胁，于是从 20 世纪 80 年代中期开始，美国确立了介入南海问题的基本立场。20 世纪 90 年代以后，美国在南海问题上最突出的政策倾向就是推动南海问题国际化。1997 年 9 月，美日就《日美防卫合作指针》达成协议，将南海地区纳入"安保"范围，第一次

---

① 韦宝毅：《美国重返亚太对东盟的影响》，载《广西经济》，2013 年第 1 期，第 41 - 43 页。

透露出美国为南海地区的利益可能做出的战略反应。

21世纪初，布什政府基于反恐和中东政策的考虑，适度降低了亚太战略的强度。然而这一期间，美国却通过与东南亚国家的军事和准军事演习、全球军力的重新部署，以及改善与印度的关系等一系列行动，完成了亚太战略的结构性调整，保持了影响南海地区形势的战略基础。而希拉里关于美国南海政策的声明，表达了美国将南海相关权益扩大到包括国际社会绝大多数成员国在内的政策导向以及试图将南海问题国际化、多边化的政策努力。此外，美国将南海地区的军事存在作为其亚太驻军的一部分，除与新加坡、印度尼西亚和马来西亚签订军事协议外，还保持与菲律宾、泰国的军事同盟关系；同时发展与日本和澳大利亚的双边军事同盟关系，实行南北"双锚"战略。南海问题已成为美国防范、制约中国崛起的整体战略中的重要组成部分。①

美国来南海并非是保护菲律宾、越南等国"权益"的，南海的领土纠纷完全成了美国介入这一地区的战略借口，美国对中国拉开的架势大大超越了他宣示其南海政策的需要，"阻止中国霸权"也纯属无的放矢。因为南海领土争端由来已久，中国并不愿意以武力方式实现本国主张。美国还是对中国崛起更为关注，对南海的事情赋予了"中国展示肌肉""中国要制定规则"的全局性意义。

南海问题似乎要变成中美战略角力的"示范区"，它的每一个细节都要承载双方的态度和意志，搞得谁也不能后退半步。由于南海这个"示范区"就在中国的家门口，美方施加再大的压力，中方只能接招，并无战略性后退的可能。总体来看，美国现阶段重点是在做一些布局，利用巡航、联合军事演习等行动推动局势的升级，同时把更深军事介入和不卷入一场战争的可能性都攥在自己手上。

未来很多年里，中国一旦增强在南海以及西太平洋的活动能力，大概都

① 杨震等：《论后冷战时代中美海权矛盾中的南海问题》，载《太平洋学报》，2015年第4期；杨震等：《论中美之间的海权矛盾》，载《现代国际关系》，2011年第2期；工传剑：《南海问题与中美关系》，载《当代亚太》，2014年第2期；娄亚萍：《中美在南海问题上的外交博弈及其路径选择》，载《太平洋学报》，2014年第4期。

会引起美方新的针对性军事部署以及其他战略回应，中国不能因自身力量有所增强而感到轻松。只有等中美在西太平洋力量对比发生根本性转折时，事情才有可能得到最终解决。但那将是很久以后的事。耐力的考验将是注定的，不急不躁的中国才能走得更远。现在一些小国想绑架大国，但历史上这样的成功案例少之又少。静下心来我们会发现，南海并没出什么大事，几乎所有风险都在可控范围之内。

二、南海问题未来可能的发展方向

面对纷繁复杂的南海局势，"搁置争议、共同开发"仍然是我国解决南海问题的主要战略政策选择。首先，"共同开发"对南海争端的解决具有必要性和紧迫性。目前，中国长期的容忍与克制并没有换来各国在南海问题上的友好与合作，相反，各国都在加紧与西方国家合作攫取南海的油气资源。中国如果不果断采取措施，加快开发南海资源，待若干年后油气资源被周边国家开采完时，即便南海诸岛能够收回，对我国的意义也将大打折扣。各国侵占中国的岛礁，是对我国领土主权的侵犯，如不尽快解决，势必会导致此种情形成为既定事实，长期化后成为合法化，给国家安全和经济以及睦邻友好关系带来不利影响。其次，从现存的解决办法分析，"共同开发"是唯一可能解决南海问题的方案。再次，世界范围内已有很多海洋共同开发的成功案例可供借鉴。有学者统计，在全球范围内曾经达成了 24 项关于共同开发的案例。①

当然，仅仅坚持"共同开发"的策略还远远不够，要实践南海战略还必须做到：

第一，奉行相融以利的原则，深化我国与东盟之间的互信互利。为进一步加强与东盟间的相互依赖，我国应努力做好以下三项主要工作：一是在我国经济吸引力日增的情况下，致力于与东盟一些友好国家建设并形成"利益共享、危机同担"的经济实体，使这些国家能够分享我国经济快速发展的实惠和

---

① 罗国强：《"共同开发"政策在海洋争端解决中的实际效果分析：分析与展望》，载《法学杂志》，2011 年第 4 期；郭薇：《南海共同开发实施的困境及可行性研究》，载《中国地质大学学报（社会科学版）》，2014 年第 3 期。

利益；二是在"主权归我"的前提下，把"共同开发"具体化，并兼顾东盟各国的现实利益；三是努力使东亚合作机制与上海合作组织形成呼应，打造好东南和西北两个合作平台。

第二，以非传统安全合作为切入点，推动建立非传统安全领域的合作机制。近年来，南海地区非传统安全形势急剧恶化。随着南海航道日益繁荣，南海海盗和海上恐怖活动越来越猖獗。由于非传统安全合作在增进彼此互信之余并不会直接冲击传统安全格局，因此，该领域的合作是赢得战略回报的最佳选择，有必要推动建立一种真正有利于改善地区非传统安全形势的合作机制，并通过这种机制创造出地区内各国共赢的局面。一旦这种超越传统地缘政治意图的非传统安全机制建立起来，中国与南海周边各国的关系将因共同的行动和相同的目标而更加密切，相关各国对中国的和平发展战略也会有更深刻的理解和认同。沿着这一方向继续前进，在非传统安全和海洋资源开发领域的深入合作将为南海地区迎来一个和平、合作、共赢的新局面。

第三，充分利用好东盟对部分声索国过激举动的阻滞功能。事实上，中国南海问题并不是中国与东盟组织之间存在的问题。东盟作为东南亚国家间的一个合作组织，不是中国南海问题的当事方，也没有理由成为中国南海问题当事方。另外，中国南海问题是中国与东盟组织中部分成员国之间存在的问题，并不是中国与东盟组织所有 10 个成员国之间都存在这一争议问题。因此，中国应继续高举和平、发展、合作的旗帜，致力于在维护东南亚地区和平稳定方面发挥更加重要的作用，努力使东南亚地区形成的和平稳定局面，不受域外国家影响和干涉。与此同时，中国应积极支持东盟国家的团结与发展，因为东盟的团结与发展将使东盟组织更多地考虑该地区的整体利益，对部分争端国对领土争端的过激举动有所阻滞，从而为"搁置争议、共同开发"提供实现的机会。

第四，继续认同并坚持中国南海海域航行自由的原则立场，将域外大国的干扰最小化。既然美国、日本在南海的战略利益是保证在该海域的航道畅通，那么中国可以向其保证在该航道上的自由航行。此举虽然不可能改变美国和日本对中国南海争端的介入和干预行为，但可以消除美国和日本联手对争端进行干涉的借口。

事实上，中国政府已经做出了这样的承诺，即不会干涉该航道的航行自由。中国政府一贯保障世界各国在中国南海海域依据国际法所享有的航行和飞越的自由。任何渲染地区形势紧张、制造对立甚至挑拨有关国家关系的言行，都有悖于南海地区各国求和平、促发展、谋合作的共同愿望。

三、三沙市的设立与南海战略空间的开拓

中华人民共和国成立后，于1959年设立了西沙群岛、南沙群岛、中沙群岛办事处，由海南行政区领导，管辖西沙群岛、中沙群岛、南沙群岛的岛礁及其海域。1988年撤销海南行政区，设立海南省，西沙群岛、南沙群岛、中沙群岛办事处相应划归海南省管辖。

2012年6月，经国务院批准，撤销海南省西沙群岛、南沙群岛、中沙群岛办事处，设立地级市三沙市，管辖西沙群岛、中沙群岛、南沙群岛的岛礁及其海域，涉及岛屿面积13平方千米，海域范围逾200万平方千米，接近全国陆地面积（960万平方千米）的1/4，三沙市人民政府驻西沙永兴岛。此次设立地级市，是我国对海南省西沙群岛、中沙群岛、南沙群岛的岛礁及其海域行政管理体制的调整和完善。是中国海洋战略空间向南海布局的标志，显示了中国对南海的战略意图以及主权意识。

目前，在中国实际掌握的全部西沙群岛和部分南沙岛礁中，除了甘泉岛上有1口很小的淡水井，其他各岛礁，包括三沙市的治所所在地——面积约为1.9平方千米的永兴岛，都没有淡水。三沙市的水、粮、果、菜、肉、蛋等各种生活必需品主要依靠补给船供应。即使是在永兴岛上，还有一定的供电缺口。

无疑，以三沙建市为契机增设一个警备区的军事架构确为良策，赋予守备部队以日常维护海疆主权的具体任务，配备海军、空军也至关重要，以应对一些危机事件。这就要求对三沙的基础设施建设加大投入。比如，在西沙一些具备条件的岛、沙、礁上建规模更大的码头，修永久性的房舍、堡垒，

造大型的储水储菜、海水淡化和发电设施，为每座岛都配备适合执行护海任务的舰船，建造和开行更多、更大、更能抗拒海上风浪的三沙补给船，建造大型的避风港、民用码头和船只补给站乃至民用机场。

至于三沙市的开发，目前讨论最多的是关于西沙旅游。但是，囿于西沙群岛大量岛礁和地域属于军事管理区，岛上的自然条件和基础设施承载力有限、海洋生态比较脆弱等因素，大规模的旅游开放并不现实。

因此，旅游开发部门当前认定的最适合西沙旅游的项目是邮轮游——游客的饮食住宿基本都在邮轮上解决。这种邮轮游会相当昂贵而且规模较小，但无论如何，宣示西沙主权属我的意义要远远大于经济效益本身。

2016 年三沙市发布的《政府工作报告》中指出，未来 5 年三沙市将建设智慧海洋城市，深度拓展海洋旅游业。三沙市将采取灵活方式完善卫星通信条件，为南海过往船只和上岛人员提供移动卫星通信服务，构建覆盖三沙海域、陆域、空域的通信传输体系。

西沙邮轮已开行 121 航次，接待游客 2.3 万人次，未来将扩大三沙旅游范围，开放新岛礁、新航线，引进新的邮轮参与西沙旅游，策划新的旅游项目提高游客的体验度；开发具有三沙特色的旅游商品；配套建设邮轮游艇码头，完善旅游配套服务体系建设。

未来三沙市将进一步完善联防联控机制。在管辖区域内设置地名标识、主权碑、灯塔等设施；投入使用晋卿岛、鸭公岛、银屿、羚羊礁、甘泉岛、北岛"五所合一"综合楼和晋卿岛执法救助中心；加强执法力量建设，及时处置海上突发事件，实现管辖海域执法常态化；建成三沙市军警民联防指挥中心，配备海上巡逻公务机、公务船、巡逻艇，提高执法装备水平，维护国家海洋安全和治安秩序。

在基础设施建设上，三沙市将完成永兴岛码头扩建工程、赵述岛码头航道疏浚等工程；加快建设"三沙 2 号""三沙 3 号"船和两艘岛际交通船，建造一批 3000 吨级执法船、岛际客船和垃圾运输船；加强空中交通体系建设。

第五章

支点突破：伸向大洋的岛屿

海岛是海中的陆地，以海洋空间的视域，海岛所包括的不仅仅是高出海面的部分，海面之下的岛屿构成以及以海岛为中心的领海、专属经济区都赋予了海岛更为重要的海洋空间意义。因此，对于海岛战略空间的把握与研究，其意义不亚于近海海洋空间。甚至从某种程度上来说，对一些远离大陆海岛"海洋战略"的制定，是开拓"海洋战略空间"的重中之重，也是未来"海洋战略"的根本着力点。

中国岛屿战略空间

我国是海洋大国，海岛众多。海岛是壮大海洋经济、拓展发展空间的重要依托，是保护海洋环境、维护生态平衡的重要平台，是捍卫国家权益、保障国防安全的战略前沿。就 2012 年国家海洋局公布的《全国海岛保护规划》来看，我国面积在 500 平方米以上的海岛共 6961 个（未包括台湾省的 224 个海岛、香港的 183 个海岛以及澳门的 3 个海岛），其中有常住人口的海岛 433 个，人口达 452.7 万人。海上岛屿是我国国土的重要组成部分，这些海岛陆域面积约 8 万平方千米，拥有 14 000 多千米海岛岸线总长，尽管海岛土地面积不到全国土地面积的 1%，但其却控制了相当于全国土地面积 1/3（约 300 万平方千米）的海洋国土。①

在中国所有的海岛中，面积超过 3 万平方千米的有台湾岛和海南岛 2 个；1000 多平方千米的有崇明岛 1 个；200 ~ 500 平方千米的有舟山岛、东海岛、海坛岛、东山岛 4 个；100 ~ 200 平方千米的有玉环岛、上川岛、厦门岛、金门岛等 9 个；50 ~ 100 平方千米的有六横岛、金塘岛等 14 个；20 ~ 50 平方千米的有石城岛、桃花岛等 20 多个；10 ~ 20 平方千米的有南长岛、泥洲岛等 30 多个；5 ~ 10 平方千米的有大鱼山岛、大万山岛等几十个；陆域面积在 5 平方千米以下的占中国海岛的绝大部分。大的群岛有舟山群岛、长山群岛、庙岛群岛、南日群岛、万山群岛、西沙群岛和南沙群岛以及韭山列岛、鱼山

---

① 数据源自 2012 年颁布的《全国海岛保护规划》以及国家海洋局官方统计。

列岛、礼是列岛等 40 多个列岛。

从岛屿的区域布局来看，中国海岛的空间分布范围相当广，大致位于亚洲大陆以东，太平洋西部边缘。东部与朝鲜半岛、日本为邻，南部周边为菲律宾、马来西亚、文莱、印度尼西亚和越南等国家所环绕。中国海岛分布在南北跨越 38 个纬度，东西跨越 17 个经度的海域中，宽约 1700 千米。中国的岛屿所占海域面积达 100 多万平方千米。它们多数呈断断续续的岛链镶嵌在大陆近岸，少数呈群岛形式星罗棋布于远海之中。

从目前我国海岛开发的战略空间选择现状来看，主要在以下三个方面值得关注。

一、海岛立法的提出与战略意义

2009 年 12 月 26 日，全国人大常委会表决通过了《中华人民共和国海岛保护法》（以下简称《海岛保护法》），并在 2010 年 3 月 1 日正式施行。《海岛保护法》的出台，明确了海岛保护和开发利用应遵循的基本原则，规范了海岛工作管理体制，建立了海岛保护规划、生态保护、开发利用以及监督检查制度，对保护海岛及其周边海域生态系统，合理开发利用海岛自然资源，维护国家海洋权益等将发挥重要作用，同时也为海岛战略空间的实施提供了强大的助力。

《海岛保护法》的出台可以说是意义重大。

《海岛保护法》进一步强化了对海岛的生态保护。与陆地相比，海岛的地理环境独特，生态系统十分脆弱，容易遭受破坏，而且破坏后很难恢复。因此，保护海岛及其周边海域生态系统是海岛保护的重点内容。同时，从维护国家生态安全的角度来看，海岛生态系统是抵御海洋灾害的天然屏障，是国家生态安全系统的重要环节。我们要站在维护国家生态安全的高度上，充分认识并强化海岛生态保护的必要性和重要性，依法强化海岛生态保护。

《海岛保护法》进一步促进了海岛自然资源的合理开发利用。海岛是资源的宝库，海岛自然资源同其他自然资源一样，是十分有限的，必须对各种开发利用海岛的活动进行规范和管理，才能防止耗竭性开发，确保海岛自然资源得到永续利用。针对海岛特别是无居民海岛开发利用过程中存在的突出问题，通过立法建立相应的制度和规范，对保护海岛及周边海域生态系统、合理开发利用海岛自然资源、促进经济社会可持续发展，具有重大的现实意义。

《海岛保护法》切实维护了国家海洋权益。海岛既是保护海洋环境、维护生态平衡的重要平台，又是维护国家海洋权益、保障国防安全的战略前沿。国家一直高度重视通过立法保护我国海洋权益。

二、无居民海岛的战略开发与利用

随着工业化、城市化的快速发展，人类社会的资源环境压力与生存空间受陆域约束渐紧。海洋便成为人类为解决资源环境、空间等问题的焦点，全球沿海国家或地区从海洋立法、海洋管理和海洋开发等方面强化对海洋的控制，无居民海岛无疑是各国日益重视的核心海洋权益。

《海洋学术语海洋地质学(GB/T18190—2000)》将海岛定义为"散布于海洋中面积不小于500平方米的小块陆地"；而1982年《联合国海洋法公约》第121条规定："岛屿是四面环水并在高潮时高于水面的自然形成的陆地区域"；《海岛保护法》中海岛是指四面环海水并在高潮时高于水面的自然形成的陆地区域，包括有居民海岛和无居民海岛。无居民海岛是指在中国管辖海域内不作为常住户口居住地的岛屿、岩礁和低潮高地等。

无居民海岛是海洋国土的重要组成，在其周围有着丰富的海洋生物、港口、油气、矿产、海洋能、风能和海洋空间资源，这些资源是发展海洋经济的前提条件。它们也是大陆的屏障，是捍卫国家海疆的门户和控制海上交通线及邻近海域的"航空母舰"。

中国无居民海岛在《联合国海洋法公约》框架内，拥有领海海域面积约1550平方千米、专属经济区约43万平方千米，同时位于国境线上的一些无居民海岛或岛礁还是国家领海基线的基点。因此，无居民海岛不仅具有重要的海洋经济意义，也是国家间海域划界等维护国家海洋权益的标志，同时还是我国实施海洋战略空间的重要组成部分。[①]

[①] 张耀光：《中国海岛开发与保护：地理学视角》，北京：海洋出版社，2012年。

　　由于受远离陆地、基础设施缺乏、人们思想观念的影响，无居民海岛的开发利用长期处于无序或者过度开发的状态，随意性开发海岛的现象比较普遍，破坏一些无居民海岛的生态环境和自然植被的现象也随处可见。此外，由于自然变化，如气候变化和海平面上升或随意的人为挖砂，一些珊瑚礁岛屿面临灭顶之灾。有许多岛被渔民季节性使用，普遍管理缺失，植被受到严重破坏，再加上没有限度的过量捕捞，使海岛资源及其邻近海域渔业资源枯竭。

　　上述问题若不加以重视，将导致更为严重的后果：

　　影响规模经济的形成。目前，无居民海岛自然条件普遍较差，岛上基本没有建造基础设施。有些在"大岛建、小岛迁"政策中新形成的无居民海岛，岛上的基础设施条件也都较差，使得无居民海岛的开发建设成本普遍较高。无居民海岛的分散性使相互联系困难，各岛基础设施不能共享。每个岛屿的电力短缺，水资源短缺，岛间交通也需要投入一定的资金，因此为其进一步发展带来了较大的困难。而且交通、通信、安全也制约了对无居民海岛的开发，有些缺乏淡水资源的海岛，开发难度更大。

　　制约了区域经济的发展。随着海洋经济的崛起，资本的逐利性，人们逐渐看好并热衷于开发利用距离大陆城区或者距离大岛较近的无居民海岛，先期开发的海岛大都自然条件相对较好、离大陆较近。而那些远离城区或大岛的无居民海岛，因交通运输困难、基础设施薄弱等原因尚未开发，有些仍处于自然"沉睡"状态。

　　损害国家权益，威胁国防安全。《海岛保护法》颁布以前，我国海岛经常发生改变地质地貌和岛屿形态的事件，如炸礁取石等破坏行为甚至会因改变我国的领海基点位置而损害我国海洋权益。有一些岛屿的开发利用活动也可能会造成军事机密泄露，对军事活动形成干扰和影响，威胁到国家安全。

　　由此可见，对于无居民海岛有计划性地实施战略开发已刻不容缓，当下有关部门也初步出台了相应的措施与方案，以应对无居民海岛战略空间开发过程中所产生的问题，包括：①科学立法完善无居民海岛综合开发保护法理准则；②科学规划规范无居民海岛综合开发保护行动指南；③宣传推广引导无居民海岛综合开发保护实践操作。[①]

三、海岛旅游业的战略发展与完备

在国家海洋战略的确立和中国旅游市场的逐步成熟与开放的背景下以及当下旅游业转型升级的需求下，我国海岛旅游开发迎来了前所未有的机遇，进而也进行了相应的海岛旅游战略空间布局。

其一，海岛旅游的生态化战略布局。具体来说就是海岛旅游应对全球变化，实现可持续发展的必然选择。全球变化特别是全球变暖会导致海平面上升、现有海岛面积减小，对海岛旅游具有重大的影响，以低碳环保为理念的生态旅游正是在这种背景下兴起并逐渐成为海岛旅游的发展趋势。

在海岛旅游规划开发的过程中，以保护目的地的原生自然生态与文化生态为前提，保护与开发并重，开发出适应消费者需求的生态旅游产品。同时，提高目的地的经营管理水平，根据景区现状，因地制宜，努力探索生态化的管理模式。在客源市场营销方面，加强生态理念的宣传，努力培养负责任的海岛生态旅游者。

其二，海岛旅游的国际化战略布局。国际化战略关键是立足自身资源、区位优势，开发出具有自身特色、满足国际市场需求的海岛旅游产品。

海岛旅游的国际化包括三个方面内涵：海岛旅游市场定位国际化，即进一步扩大国内市场的同时，发挥区位优势，努力开拓日本、韩国、美国等发达国家的客源市场；主题功能与产品包装国际化，即在海岛旅游产品开发过程中，将产品主题、包装，设施功能等逐步与国际接轨，以迎合国际客源市场的需求；市场营销国际化，即加大国际客源市场的营销力度，采用现代化、专业化的营销方式。

其三，海岛旅游的精品化战略布局。海岛生态系统非常脆弱，特别是一些保存较好的生态敏感地区，承载力相当有限。在开发海岛旅游资源的过程

---

① 刘述锡等：《无居民海岛开发利用适宜性评价方法研究》，载《海洋环境科学》，2013 年第 10 期；苗增良等：《无居民海岛开发利用存在的问题及开发模式探讨——以浙江舟山为例》，载《安徽农业科学》，2013 年第 3 期；马仁锋：《浙江省无居民海岛综合开发保护研究》，载《世界地理研究》，2012 年第 12 期。

中，应实施精品化战略，做到"精打细算"，注重海岛旅游资源的深度开发，避免粗制滥造的低档次重复性建设。同时，更应该从细处着手，营造精品化的旅游环境，为游客提供精品化、个性化的订制服务。

其四，海岛旅游的特色化战略布局。具体来说，是指在我国海岛旅游资源开发过程中因地制宜、扬长避短，考虑南北差异和区域旅游系统的分工与协作，发挥自身优势，达到优势互补，实现总体效益最优。海岛目的地首先客观评价自身资源，找出自身资源优势，然后根据自身优势准确把握目的地在更大区域中的功能分工与定位。实施特色化战略，实现海岛旅游的差异化错位发展是优化我国海岛旅游空间结构，提高海岛旅游综合实力的明智之举。

其五，海岛旅游的系统化战略。中国海岛旅游应是一个高效、有机的系统，发展过程中要协调内部各要素之间的关系，包括海岛旅游内部产业结构、南北空间结构等。海岛旅游是我国旅游业整体系统中极为重要的子系统，在优化海岛旅游内部结构的同时，应注意与系统总体以及各子系统之间的关系，特别是与内陆旅游之间的关系。只有实施系统化战略，做到南北协调、内外互补、整体优化，内部要素自由流通与最优组合，才能实现我国海岛旅游的长远、可持续发展。①

机遇的出现往往伴随着挑战的到来，虽然我国就海岛的旅游开发实施了相应的战略空间布局，也取得了一系列可喜的成果，但同时也出现不少问题，例如：

资源开发深度不够。目前，海岛旅游资源开发多是粗放型的浅层次开发，旅游项目多停留在海洋观光、海水浴以及一些基本的海滩游乐项目，缺乏深度开发的度假休闲项目、专题旅游项目，海洋旅游资源优势没有深入发掘与充分发挥，旅游产业链不够完善。

产品同质化，景区缺乏特色。旅游资源开发没有优势互补，各地景区雷同，同构化现象严重，不能形成旅游资源的综合优势和规模效益。

----

① 向宝惠等：《中国海洋海岛旅游发展战略探讨》，载《生态经济》，2012年第9期，第143－144页。

资源配置不合理，缺乏总体规划和统筹布局。近年来国家海洋局、旅游局等部门对海洋海岛旅游逐渐重视，但由于管理、资金、组织等原因，对海洋海岛旅游资源的投入缺乏整体意识与统筹布局，没有统一的规划和指导方针，制约了海岛旅游业的全面开发和协调发展。

管理体制有待创新。我国海岛旅游"多头化"管理现象严重，丰富的旅游资源被人为地分割于不同的部门，直接影响旅游资源的统一规划、开发和利用，导致资源与环境的破坏。

针对上述海岛开发中所产生的问题，我们还应有计划性地出台相应措施，以求完善目前有关海岛旅游的战略空间布局。

要加大对我国沿海海岛地区发展旅游业的政策扶持和激励，鼓励沿海地区发展旅游业。对可行、规划完备、效益明显的项目优先扶持。

要明白海岛旅游资源开发必须走精品路线，目标市场定位瞄准高端客源市场，准确把握海岛旅游客源市场高端需求，发展海钓、游艇、海底探险、海底摄影等高端专题旅游产品和高级度假休闲旅游产品等，争取做到人无我有、人有我优。

要紧密结合和谐海岛社区的建设。社区是海岛旅游发展的背景环境与载体，海岛旅游的发展离不开整个海岸海岛地区的和谐环境，其发展又能反过来推动目的地和谐社区的建设。制定社区居民参与机制，让其参与到海洋海岛旅游从规划、开发决策到经营管理监督的各个环节：餐饮、住宿，供水、供电、通信等旅游设施与基础配套设施的建设要与社区共享，兼顾海岛居民的切身利益，让其充分享受到旅游发展给当地带来的益处，以调动社区居民参与海岛旅游的积极性和主动性。

要注意海岛地区生态环境的保护。加强对海岸带、防护林以及红树林和珊瑚礁等生态系统的保护，进一步规范海洋保护区建设和管理，给未来的发展预留足够的空间。积极开发生态旅游产品，倡导低碳旅游方式。[1]

----

① 李平：《海洋旅游可持续发展战略研究》，载《海洋开发与管理》，2000年第3期，第7–11页。

黄渤海岛屿战略空间

在邻近中国的四个海域中，东海岛屿个数最多，仅浙江沿海就有 3000 多个，而且分布比较集中；南海岛屿数量位居第二，有 1700 多个，占中国海岛总数的 1/4 左右，其中绝大部分靠近大陆；相比之下，黄海岛屿较少，只有500 多个，主要分布于黄海北部、中部的中国大陆一侧，多为陆域面积在 30平方千米以下的小岛，并主要以群岛形式分布；渤海是中国海岛数量最少的海域，只在沿岸有零星的分布，面积更小，主要有菊花岛、石臼坨、桑岛。

一、海岛刺参养殖的战略空间规划

黄渤海海岛数量较少，因此在进行战略空间拓展之际非常注重与陆域的联动，其中突出的表现就是岛屿与滨海协作所推动的深海养殖业，尤以该区域的海参养殖业最为瞩目。

刺参在我国自古被誉为"海产八珍"之首，具有很高的营养与药用价值。海参早已成为我国、日本、韩国等太平洋及西印度洋沿岸国家人们餐桌上的美味佳肴，特别是世界华人素有吃海参"食补"的习惯。

从目前来看，黄渤海地区的刺参养殖主要集中在山东与辽宁两省的海岛及沿海地区。具体来看：山东刺参养殖模式形成了底播增殖、池塘养殖、围堰养殖、深水井大棚工厂化养殖等多种养殖模式。

据统计，2012 年，山东省海参养殖年产量为 7.1 万吨，占全国海参产量的一半以上，用 2% 的海水养殖产量，创造了 30% 的产值，仅养殖年产值即达 160 亿元，是单品种产值最高的海水养殖品种，且每年以 20% 的增长速度发展。到了 2016 年，总产量高达 9.2 万吨，已经成为山东省第一大海水养殖产业。

辽宁省刺参养殖从养殖环境和模式划分，可以分为工厂化养殖、海水池塘养殖、海区网笼养殖和底播增养殖四种模式。多年来，辽宁省在参池建造、参礁选设、水质调节、单胞藻控繁、生物移植、人工藻场、生态养殖等方面进行科技攻关，对海参高效生态养殖进行了积极的探索，刺参养殖产业已成为辽宁省水产业支柱产业之一。近年来,辽宁省的刺参养殖发展迅猛,原来仅在大连沿海养殖,现已扩展到从鸭绿江口到葫芦岛的整个辽宁沿海。

然而,我们也必须清醒地看到,海岛刺参养殖业在取得巨大成就的背后也隐藏着诸多隐患:规划滞后,规模无序扩张;水域滩涂生态环境日趋恶化;忽视良种选育;健康养殖意识淡薄。因此,必须有计划地进行改革,实施可行的战略措施。

科学遏制养殖规模无序扩张的势头。应坚持资源开发与环境保护互促共赢、协调发展,科学规划生产规模,合理利用海岛滩涂水域资源,尽快遏制住刺参养殖生产存在的无序扩张、盲目发展的势头,把养殖容量控制在海域和滩涂生态环境负荷范围内,确保海参养殖有序、有度、健康发展,决不能以透支资源、破坏环境为代价换取暂时的经济利益,更不能陷入建设、拆除、补偿的怪圈。这样虽然会影响部分养殖者的暂时利益,但却换来生态环境的改善,赢得刺参养殖业可持续发展的长远利益,这是实现刺参养殖业可持续发展的前提。在传统的刺参主产区,开发规模已趋饱和,要慎上新的养殖项目。应在现有基础上,在科学化、规范化上下功夫。新拓展的海岛养殖区,一定要科学规划、合理布局、控制规模,慎搞大面积连片养殖,做到未雨绸缪,防患于未然。

加强自然资源保护,重视刺参的良种选育。保护好刺参种质资源是海参养殖业可持续发展的基础。可以仿照管理鱼类等资源的办法建立刺参禁捕期和禁捕区等制度,并对部分海区的刺参采取限额捕捞和限制采捕规格等措施。要建立健全海岛海参自然保护区制度,保证一些传统的自然海参种群不被破坏;人工育苗要用经过选育的抗逆性强的个体作亲参,从根本上保证育出的参苗质量。出库参苗尤其是投放到自然海区的苗种要实行严格的检疫制度,不将劣质参苗投入增养殖区。另外,要加快刺参原良种场建设,利用现代生物技术,积极开展刺参良种的引进、选育和提纯复壮研究,选育优质抗逆良种,为刺参养殖业可持续发展打下坚实的物质基础。

优化养殖模式,倡导生态、安全养殖技术,转变养殖方式,更新养殖理念。由片面追求产量向产量、质量与养殖环境保护并重转变,这是实现刺参养殖业可持续发展的重要保证，也是刺参养殖业发展的根本出路。要规范渔药使用，确保刺参质量。要加强养殖生产污水排放的管理，减少刺参育苗与养殖对海域滩涂生态环境的污染。倡导生态、安全养殖模式，实施生态环境修复工程，养殖生产中要因地制宜地合理搭配养殖品种，譬如在刺参池塘养殖、围堰养殖等养殖模式中搭养部分大型藻类、贝类等品种，构建以刺参为主的多元化生态养殖体系，维护并改善养殖环境。

健全病害防治体系，科学防治刺参病害。搞好病害防治是海岛海参养殖业可持续发展的重要保证。要把科学防治病害摆到日常管理的重要位置，从投放健康苗种、改善养殖环境、科学投饵、合理搭配养殖品种等多方面入手，采取综合防治措施，从根本上减少病害的发生。另外，要切实加强水产病害防治和水产品质量监测体系建设，重视苗种跨区交易的检疫工作，做到对刺参病害早发现、早隔离、早治疗，防止疫病大面积蔓延。

加快发展刺参深加工产业。目前市售的刺参大多沿用传统的水煮、盐渍工艺加工而成，但经多次高温水煮的刺参，其所含的优质蛋白损失很大，并且随着现代生活节奏的加快，其食用不方便的弊端也日渐显现。随着科技的进步和人们生活方式的转变，由初加工向食用方便、利于吸收的深加工产品转型，是刺参加工业未来的发展方向。虽然近年来上市了一些诸如即食海参、冻干海参、海参胶囊、海参营养液等深加工产品，但与整个刺参产业相比，目前的刺参深加工尚处于起步阶段。发展刺参精深加工，能延长刺参生产的产业链，提高刺参的附加值，拓展刺参的销售空间。随着国际交流的日益频繁，刺参产品会被进一步推向广阔的国际市场，这将对整个刺参产业的提升有巨大的拉动作用，能更有效地保证刺参养殖业稳定发展。[1]

二、长岛

长岛县位于胶东和辽东半岛之间，在黄海、渤海交汇处，南临烟台，北依大连，西靠京津，东与韩国、日本隔海相望。它由 32 个岛屿和 8700 平方

----

① 刘锡胤：《推进刺参养殖业可持续发展的战略思考》，载《中国水产》，2012 年第 2 期；高学文：《我国刺参养殖产业的现状与发展对策》，载《黑龙江水产》，2013 年第 2 期。

千米海域组成，岛屿和66个明礁南北呈直线纵列于渤海海峡之中，北距辽宁省的老铁山42.2千米，南距蓬莱7千米。南北岛距长度56.4千米，东西岛宽30.8千米，陆地面积56平方千米，海岸线长146千米，系黄渤海海域众多岛屿中唯一一个海岛县，对其发展的规划是黄渤海海岛战略空间的典型代表。

海岛生态系统非常脆弱，人类不科学的经济社会活动很容易对其造成损坏，而这种破坏带来的后果是极其严重的，海岛生态系统一旦遭到破坏就很难自我恢复。长岛县作为一个典型的海岛县，在自然生态方面显得尤为脆弱。此外，需要特别注意的是，长岛还是中国东部鸟类迁徙通道上的一个关键节点。

每年9月到10月，数以万计的候鸟从俄罗斯西伯利亚、蒙古国、日本和中国的东北大小兴安岭、长白山、内蒙古草原等地迁徙到中国南方的长江流域等地越冬，需途经山东长岛，停歇下来补充营养和能量，再继续向南迁徙；春天来临，它们集群北迁，又要经停长岛，再返回更北的故地筑巢繁殖。由此可见，对于以长岛为代表的黄渤海海岛战略空间的开发应该特别注重经济与环境的相互协调，要做到两者的发展并重。

在经济方面我们应做的是：

加强海岛基础设施建设。交通不便严重制约着海岛经济的发展，所以政府部门应该加大投资力度，加强海岛道路建设，解决目前道路超负荷的情况，以促进岛屿与陆地之间、岛屿与岛屿之间以及岛屿内部的相互联系，让岛屿与外部联系畅通无阻。另外，还需加大在通信和淡水工程方面的投入，这样才能不断改善海岛的发展环境，提升海岛的基础服务水平，增强竞争能力，为海岛经济的长远发展打下坚实基础。

转变经济增长方式。过去，长岛县经济发展主要以捕捞业为主，但由于过度捕捞，这条路越来越行不通。海岛要想取得经济的持续发展，必须转变经济增长方式，由过去的以渔业和农业为主的产业方式向以旅游业为主的第三产业转变，应该大力发展海岛仓库、海岛旅游、海岛餐饮等服务产业。政府部门应该从政策上对渔民进行引导，让他们解放思想，把目光转向服务业，把劳动力吸引到服务业上来。

整体规划旅游项目及渔村风貌。目前，长岛县开发旅游项目比较多，旅游产业发展较为迅速，但是旅游项目之间相互分散，缺乏统一的特色主线把各种旅游项目串联起来。所以，一方面，长岛县政府应该主动搭台，举办具有特色的主题旅游活动，把目前的美食一条街、渔家乐、乡村小旅馆和战地观光园等旅游项目逐一串联起来，加强长岛县旅游项目的整体规划；另一方面，利用优惠政策吸引开发商，实施长岛县旅游项目整体营销战略，对旅游项目进行市场评估，对长岛县的旅游承载能力进行预估，对游客量进行统计分析，解决各项旅游配套设施问题，以政府引导为辅，以经济投资开发为主，做好长岛县长期经济发展规划，建设具有特色风貌的生态渔村，对外展示出渔村的特色面貌与文化，增强渔村的营销能力。

在环境方面要做的是：

节能减排、控制污染。长岛县的居民在日常生活中过度使用含有磷的洗衣粉，致使排放的生活用水中含有大量的活性磷；附近海域游船、捕捞船等作业船只也排放了大量的含油废水。长年累月的活性磷和含油废水的积累，对长岛县所在海域的海水环境造成了污染，对长岛县附近海域的养殖业也造成了很大威胁。

所以，政府部门应该制定污水排放的限制标准，限制岛上居民和附近海域作业船只排污量。在岛上居民的生活中应该倡行节约和环保理念，使用不含磷产品，尽量少排生活污水。各船主应该认识到，排放大量含油废水，不仅导致海水污染，而且会直接影响到自己的经济收入，所以应该使用环保型捕捞船只，减少含油废水的排放。

恢复和保护生态环境。生态环境保护，尤其是自然生态环境的保护对海岛地区经济可持续发展起着重大作用。一旦生态环境遭到破坏，旅游业和水产品加工业都会遭到重创，海岛就会失去市场竞争能力。

长岛县自然保护区在整个海岛长期发展过程中发挥着不可估量的作用。因为自然保护区一直维持着长岛县的自然状态，有效地保护了长岛县的生态平衡和生物多样性。所以，无论是管理方还是公众，都应该参与到海岛自然保护区的建设和保护中来。政府部门应该建立健全长岛县自然保护区的法律制度并且在海岛范围内严格实行，与此同时，科研工作者也应该制定有效的自然保护区管理政策以促进保护区内各种资源的循环利用。

更为重要的是，资源开发商应该遵守海岛经济开发的各项原则，制定合理的开发方案，对于被人为破坏的生态环境，尽量在开发过程中进行恢复。并且海岛的开发应该以保护海岛的生态环境为基本原则，要以创新的思想来利用海岛的自然环境，利用地质地形和阳光风能等，尽量使开发项目与海岛的自然环境相得益彰。这样既能改善海岛的生态功能，有效地保护海岛的生态环境，又能维持海岛的自然景观。

重视海岛环境治理。海岛环境治理的好坏对海岛经济发展有着十分重要的影响。海岛环境治理主要包括自然环境治理和人文环境治理两个方面。

东海岛屿战略空间

东海的岛屿数量占全国海岛总量的2/3，分布比较集中，大岛、群岛也较多，并沿近海分布，如台湾岛、崇明岛、海坛岛、东山岛、金门岛、厦门岛、玉环岛、洞头岛和舟山群岛、南日群岛、澎湖列岛等岛群。只有钓鱼岛、赤尾屿等几个小岛分布于东海东部。

崇明岛、厦门岛及舟山群岛作为东海海域的重要海岛（列岛），无论是区位价值抑或战略规划都颇具代表性。与此同时，他们所连接的腹地面积广袤，经济发达，亦是东海岛屿战略空间拓展的关键所在。此外，钓鱼岛作为东海东部为数不多的小岛，其战略空间地位更是十分突出。

一、崇明岛

位于长江入海口，依托上海市的我国第三大岛屿崇明岛，具有得天独厚的战略空间优势。而在上海市的发展空间已所剩无几的背景下，该岛尚未进行大规模的土地开发，其自然资源保存完整，与高楼林立的现代化都市形成鲜明的对比，是名副其实的"世外桃源"，其自然资源的保护价值高，经济转化率高，投资收效明显。

在上海长江隧桥工程开通后，岛上交通条件已得到改善，区位优势极其突出，对长三角乃至整个长江流域的辐射作用也十分巨大，为崇明岛的战略开发带来前所未有的历史发展机遇。当下，上海市已经建成国际经济、金融、航运、贸易中心和社会主义现代化国际大都市，而崇明岛面积约占上海市域面积的1/5，生态环境较好、土地空间丰富、自然生物资源多样化优势独特，是上海可持续发展的重要战略空间。

然而就目前来看，崇明岛的发展亟待突破以下五个瓶颈：

景观特色不足。 2015年崇明环境空气质量优良率为74.8%，高于全市平均水平4.1个百分点，森林覆盖率为22%，但与此同时，岛上自然景观特色不足，与构建全域风景、发展休闲度假游的要求还有较大差距。

交通边缘化。 目前，从崇明本岛大部分地区出发，1小时内仍无法到达上海中心城区。由于西线缺乏与上海市区及江苏沿海的快速交通联系，进出市区交通成本仍然偏高，节假日高峰更是拥堵严重。而岛内交通及现有服务体系也不完善，公交分担率仅为10%，远低于上海市其他远郊区18.1%的平均水平，与生态岛低碳发展理念相悖。

城镇化建设存在短板。 崇明岛生态基础设施分布不均衡，村庄布局和农村宅基地较为分散，相对分散和偏远的村落公共服务配置较弱，与居民需求尚有差距。

居民增收缺乏有效途径。 目前，全岛产业中农业能级不高、海洋装备"一业独大"、旅游业层次不高，其他新兴产业尚处于萌芽状态，财力严重依赖生态转移支付（占总收入的60%以上）和注册企业税收收入（占地方税收的85%），制约了当地就业和农民增收。调查显示，崇明籍大学生毕业回崇明比例不足5%，城乡居民人均收入为上海各区最低。

配套保障能力有待提升。 目前，崇明生态岛建设稳步推进，但生态补偿机制、土地指标分配机制、绿色金融机制、人才引进机制等仍显滞后，缺乏可持续发展能力。

目前，崇明岛已经根据国家地质公园地质遗迹现实状况，对三角洲地质遗迹保护、旅游开发进行了中长期的战略发展规划。计划通过若干年的努力，使崇明岛国家地质公园的各类地质遗迹得到全面有效的保护，地质公园旅游项目全面落实，地质遗迹保护、旅游开发的组织管理、法制建设逐步完善。

将崇明岛国家地质公园建设成为以三角洲演变地质和文化遗迹、河口潮滩动力地貌、河口潮滩植被和国际珍稀候鸟保护为品牌，以闻名的大众科普休闲旅游度假为主导，以优异的服务为支撑，环境优美、保障健全的世界级地质公园，并争取申报联合国自然和文化遗产，使其成为国内领先、国际一流的具有长江口地域特色和上海大都市特点的地质生态旅游教育科普基地。还应该以"生态旅游和可持续旅游"为理念，将地质遗迹、自然景观以及民俗文化有机衔接，发展融科普旅游和观光旅游于一体的新型高品位地质旅游。

同时，结合高档度假休闲区、高档国际会展区和高档生态产业区的高起点、高标准战略布局和规划，发展度假旅游、文化和体育旅游。促进旅游、会展、科普等服务产业结构升级，引领人与自然动态平衡、和谐发展，全面带动地质公园事业的发展。

未来，崇明岛更进一步的战略目标是建设成为"地质公园博物馆岛"。

科普教育功能是地质公园博物馆岛的基本功能之一。一般来说，博物馆具有收藏、展示、教育、研究、休闲等功能。而地质公园博物馆主要是通过对地质公园的科学解读、深入剖析以及专业、全面和细致的展示，让人们了解和探究地球的历史和奥秘，发现和欣赏地球演变留下的鬼斧神工般的地质遗迹，进而让人们认识自然规律，掌握地学知识，提高保护和利用自然的意识。因此，围绕着地质公园主题建设多种题材和视角的博物馆，能让人们全面掌握相关科学知识，增强科学普及的力度，实现科普教育的功能。

在不远的将来，围绕世界级生态岛的功能定位，崇明必须坚持"生态 +"发展战略，兼顾居民就业需求，加快构建以生态、高端、智慧、低碳为特征的"2 + 3 + 3"绿色产业体系并构建内外通达的交通体系。

"2"是指发展高效农业和休闲旅游产业。现代高效农业的重点是打造农业"硅谷"，提高现代农业能级，大力发展有机农业，打造都市特色农业；休闲旅游业则定位于度假游和工作休闲游，以智能化、小尺度的舒适型田园式生活为特征，发展具有崇明品牌特色的度假休闲产业。

第一个"3"是指加快发展智能产业、环保产业及海洋产业。智能产业包括数据相关产业，机器人产业和基于网络的服务业；环保产业是加快发展风能、太阳能、潮汐能等能源产业及资源循环利用产业；发展海洋产业的重点是吸引与海洋装备制造业相关的总部落户。

第二个"3"是指提升发展文化创意、养老服务、体育产业。比如依托崇明的生态和空间优势，将崇明纳入全市高端医疗规划重点地区，引进国际和国内养老服务企业，加快发展疗养、康体、养老地产等养老相关产业；大力发展足球、水上运动、自行车、路跑等户外运动产业，将崇明打造成为上海最大的户外运动基地。

作为上海的远郊，崇明要实现"自然资产"的稳步增值，离不开交通体系的完善。最新的调研报告提出，崇明当下要着力打造海陆空一体的基础设施构架，力争于2030年初步形成与世界级生态岛相匹配的基础设施骨架体系。

陆路交通方面，建议打造南、北两条连接线路，加快西线隧桥规划和建设，加快推进崇启铁路建设；以"轨道交通＋公路"模式，在崇明本岛规划建设环岛线路，在中间增加一条东西向连接线路，城镇圈内部鼓励"慢行＋公交"模式。

水路交通方面，结合本岛河道疏浚，拓宽水面、增加水深，实现崇明水网的连接贯通，构建通达的水上旅游线路；规划建设东、西两个码头，东面码头水深适宜停靠国际邮轮，西面码头能停靠千人级长江邮轮。

此外，崇明东、中、西将分别规划建设多个小机场，能停靠小型公务飞机、私人飞机，提升崇明对高端客流的吸引力。

专家建议，崇明世界级生态岛的城镇化道路不同于其他区域，要统筹考虑生态承载力和景观功能塑造，探索走出一条体现田园式生活和上海乡愁的新型城镇化道路。

一方面是打造特色小镇群。借鉴浙江特色小镇的建设经验，引进国际规划视野，沿岛内交通干线打造若干个间隔有序、疏密有致的"小而美""小而精""小而特"的小镇节点，根据服务半径来配置公共服务资源，打造一批具有鲜明生态、科技特色的创客小镇和创客村；另一方面是高标准建设美丽乡村，根据崇明乡村的不同特点，进行分类指导，探索田园养生、林地休闲、创意乡村、亲子科普和乡愁体验等乡村旅游模式。

二、厦门岛

《美丽厦门战略规划》认为，第一步，厦门岛将着力实施"山海一体、江海连城"的大海湾城市战略。厦门湾、泉州湾、东山湾等沿海地区北枕戴云山脉，面对台湾海峡，山海之间由多条水系贯通形成山海通廊，山海江城浑然一体。

大海湾城市战略的核心在于从厦门、漳州、泉州区域层面，以国家的海西发展战略为契机，发挥经济特区制度创新的优势，扮演其他任何地区都无可替代的国家对台战略角色，促进海峡两岸共同发展；打破行政壁垒，通过区域基础设施一体化，加快厦门、漳州、泉州的同城化进程，建设大湾区都市区；通过"小三通"和旅游发展，深化厦门、漳州、泉州与金门的协同发展；以厦门、漳州、泉州为核心，促进沿海发达地区和西部山区的区域协调发展。

第二步，则是要着力实施"城在海上、海在城中"的大山海城市战略。厦门岛、鼓浪屿、金门岛等诸多岛屿处海湾之中，同时，厦门湾又被大陆和岛屿所围合，形成独特的"城在海上、海在城中"的大山海城市。

大山海城市战略主要以厦门湾的空间为载体，通过制度创新，探索以人为本的新型城镇化道路，提高城市化质量，统筹城乡发展；通过构建以"山、海、城"相融为特点的"一岛一带多中心"格局，打造理想空间结构；通过构筑湾区导向的、贯通组团的城市交通系统，拉开城市骨架；实施严格的生态保护策略，构建"山海相护、林海相通"的生态安全格局。

第三步，就是要着力实施"青山碧海、红花白鹭"的大花园城市战略。

厦门青山绿水、碧海蓝天，三角梅、凤凰木花团锦簇，白鹭自由飞翔，处处体现大花园城市的勃勃生机。构建大花园城市，从市民身边的"衣食住行"做起，以人性化的尺度，建设多样化、多层级的花园；以绿色发展的理念促进经济发展和环境优化，完善城市功能布局；以美好环境建设为载体，加快健全均衡发展、覆盖城乡的基本公共服务体系；以完整社区为理念，建设温馨包容的幸福城市，让城市处处散发国际花园城市的美丽气息。

具体内涵有：提升城市品质，发展文化、旅游产业；优化城市功能布局，结合优美环境，形成分工明确的城市功能布局；建设多层次、全覆盖的绿道系统，深入组织实施绿道系统建设，沿着山体和海岸线构筑环山环海绿道，并依托溪流水系形成山海连通、全长 848 千米的绿道网络，实现城市、海洋、河流与山体的有机连接；构筑多样化、多层级的花园体系；打造"公交＋慢行"主导的绿色交通体系；塑造文明家园，建设完整社区；完善公共服务设施，提升公共管理水平。[①]

厦门岛面积很小，算上鼓浪屿一共 131 平方千米。早在 2013 年，就有厦门本地媒体报道厦门本岛人口密度堪比香港，仅思明、湖里二区的常住人口就达到 195.9 万人。显然岛上已经没有空间承载新的功能，迫切需要调整城市空间结构，培育超越本岛功能层级和规模的新中心。

2015 年最新的《厦门市城市总体规划》指出，厦门是我国经济特区，是东南沿海重要的中心城市、港口及风景旅游城市。要不断增强城市辐射带动能力，逐步把厦门市建设成为经济繁荣、和谐宜居、生态良好、富有活力、特色鲜明的现代化城市，在促进两岸共同发展、建设"21 世纪海上丝绸之路"中发挥门户作用。

2017 年 4 月，厦门市政府发布《厦门市国民经济和社会发展第十三个五年规划纲要》（以下简称《纲要》）。该《纲要》更体现了海洋战略空间思维，提出今后 5 年厦门将着力拓展发展新空间，加快海洋生态文明建设，"十三五"期间厦门将加强陆海统筹发展、科学开发海洋资源、强化海洋综合管理、拓展蓝色经济空间。

在加强陆海统筹发展方面，突出海湾特色，立足资源共享、优势互补、错位发展，形成港口物流、滨海旅游、海洋生物产业、船舶制造、临海工业等产业集群，与海岸生态岸线绿道、金色沙滩、蓝色湿地和海湾海域蓝色生态屏障统筹协调发展，努力实现海洋经济发达、海洋生态文明、海洋科技创新、海洋文化繁荣、海洋管控和美、海洋平安和谐的战略目标，拓展发展新

---

① 参见《美丽厦门战略规划》全文。

空间，建设海洋强市。

在科学开发海洋资源方面，厦门将加快探索人海和谐、海陆并进、彰显特色的科学发展模式。加快优化海洋资源开发布局，提升海洋可持续发展能力。坚持科技兴海，优化资源配置，提升并加强海洋发展的支撑能力，抢占海洋科技制高点。以规划为龙头，正确引导海岸带资源开发。进一步完善海洋功能区划，建立规划约束引导机制，统筹开发岸线、海湾、滩涂、海岛、近海海域和海岸带资源，加强围填海计划管理，重点保障战略用海、战略性新兴产业用海和民生用海。

在强化海洋综合管理方面，加强海洋渔业立法、执法建设，探索建立四级联防联控体系，提高海上维权执法与安全管控能力。加强港口、海上危险化学品事故应急基础建设，提升海上危险化学品事故应急处置能力。加强渔港等基础设施建设，提高海洋与渔业灾害应急管理和安全检查水平，确保海洋与渔业无重大事故发生。维护和拓展国家海洋权益，维护海上航行自由和海洋通道安全。积极参与国际和地区海洋秩序的制定和维护。

三、舟山群岛

舟山群岛深入太平洋，既能成为我国拓展海洋战略空间、开发海洋资源的实践基础，又能成为进一步扩大开放，推出更加自由的经济贸易政策的试验场，也最有条件打造成为我国东部沿海地区面向东亚、融入世界、联结长江流域强大战略经济体的第一桥头堡和海上开放门户。

2011 年 6 月 30 日，国家正式批准设立舟山群岛新区，成为第四个国家级新区，同时是第一个以海洋经济为主题的国家级新区。明确提出了新区的三大功能定位和五大发展目标。

三大功能定位，即浙江海洋经济发展的先导区、海洋综合开发试验区并成为长江三角洲地区经济发展的重要增长极。

五大发展目标，即逐步建成我国大宗商品储运中转加工交易中心、东部地区重要的海上开放门户、海洋海岛综合保护开发示范区、重要的现代海洋产业基地、陆海统筹发展先行区。

基于上述批复，舟山群岛的战略空间呈现出新的态势。

第一，提出了"四岛一城"的空间发展战略目标，即国际物流岛、自由贸易岛、海洋产业岛、国际休闲岛、海上花园城。

具体来说，国际物流岛就是以大型国际枢纽港为核心，建成全球一流的大宗商品国际枢纽港；自由贸易岛则是积极争取国家政策，推动新区从保税港区逐步向自由贸易园（港）区，甚至是自由贸易市（岛）转型升级；海洋产业岛，也就是积极培育海洋战略性新兴产业，提升改造传统海洋产业，建设全国一流的现代海洋产业基地，成为长三角地区经济发展的重要增长极；国际休闲岛，即推进国家旅游综合改革试点城市和舟山群岛海洋旅游综合改革试验区建设，打造世界一流的休闲度假群岛、国际著名的佛教文化圣地、中国重要的休闲旅游目的地；海上花园城，顾名思义就是依托独具特色的群岛型环境，打造成为中国独具魅力、富有特色、开放多元的国际性滨海宜居城市。

第二，按照海陆统筹、区域联动，保障安全、生态优先，岛群分区、功能集聚，产业突破、城市引领的原则，构建新区"一体两翼三岛群"的空间结构。

以舟山本岛为中心，包括周边诸岛，以海上花园城、海洋装备产业、自由贸易、海上开放门户为主导发展方向，形成两翼产业发展带。其中"西翼发展带"由沪舟甬通道沿线的诸岛组成，重点打造岱山－长涂岛国家级海洋产业基地、大鱼山海洋化工业基地、金塘岛物流贸易基地。"东翼发展带"主要由普陀区诸岛以及嵊泗列岛组成，重点打造朱家尖－桃花岛－登步岛海上花园城市标志性地带、普陀山－桃花岛－东极岛国际高品质的休闲旅游区、佛渡－六横－凉潭－虾峙国家级海洋产业基地、大宗商品（矿砂、煤炭）储运中转基地、嵊泗列岛生态休闲旅游基地。构筑三大岛群，包括本岛及周边岛群、洋山衢山岛群、嵊泗列岛岛群。将本岛及周边岛群定位为国家海洋产业基地、海上开放门户、国际花园城市、科教研发基地、休闲旅游胜地；将洋山、衢山岛群定位为海上国际航运中心、贸易中心的核心区、国际集装箱枢纽港、中国大宗商品储运中转加工交易中心，并争取合作建成自由贸易港区；将嵊泗列岛岛群定位为国际生态休闲和海洋渔业基地，并预留战略储备、国际航运、产业发展的空间。

第三，统筹布局舟山群岛新区"八大产业功能集聚区"和"两大旅游功能区"。

八大产业功能集聚区包括：①规划为国际航运综合试验区、面向长三角和长江沿线的国际集装箱枢纽港的洋山集装箱物流基地；②规划为上海国际航运中心、舟山国际物流岛的核心功能区、中国大宗商品中转储运交易加工中心的衢山大宗散货基地；③规划为支撑海洋制造业集聚发展的国家级海洋产业基地的岱山海洋产业基地；④规划为舟山群岛新区的重化工产业基地，根据重点化工项目的推进情况作为预留产业空间的大鱼山化工基地；⑤规划为实现海陆统筹发展、面向浙江地区重要的物流贸易基地，争取成为自由贸易试点区的金塘物流贸易区；⑥规划为引领国际海洋经济前沿的国家级海洋新兴高端产业集聚区的舟山海洋高新产业区；⑦规划为以粮油为特色的专业化特色物流加工区的老塘山物流加工区；⑧规划为新区重要的海洋产业岛，以船舶制造、海工装备为特色主导的六横海洋产业基地，以及依托普陀山国际佛教文化岛、朱家尖国际休闲岛、国际邮轮码头等重大项目。

两大旅游功能区即建设国际休闲岛的核心功能区、国际海洋休闲旅游胜地——普陀山－朱家尖－桃花岛旅游功能区与建设富有特色的海洋生态和休闲旅游功能聚集区的嵊泗列岛旅游功能区。

第四，基于资源环境条件，按照产业功能布局，构建"一主、三副、多重点"的城镇体系。

"一主"是以舟山本岛为主的中心城市。是新区建设海上花园城市的核心区，同时承担国家海洋产业基地、海洋科教研发基地、东部海上开放门户的重要职能。

"三副"包括岱山本岛中心城镇、六横岛中心城镇、泗礁岛中心城镇。岱山本岛中心城镇，主要职能是为岱山海洋产业基地、大鱼山化工基地、长涂船舶修造产业提供综合服务功能；六横岛中心城镇规划主要职能是为佛渡－六横－虾峙海洋产业基地提供综合服务功能；泗礁岛是嵊泗列岛海洋生态休闲旅游区的核心功能区和接待服务基地，并作为未来国际物流和自由贸易的预留空间。

"多重点"城镇包括金塘、衢山、洋山、长涂、秀山、桃花等。其中，金塘主要服务于国际物流贸易园区；衢山主要服务于大宗商品中转储运加工交易中心；洋山主要服务于洋山国际集装箱港；长涂主要服务于修造船产业基地；秀山为修造船产业提供配套生活服务；桃花主要职能是桃花岛省级风景名胜区旅游接待服务。

第五，形成海上花园城"一城三带多组团"的空间布局。

即对舟山本岛及周边岛屿的岸线、用地、水源等核心资源进行统一管理和统筹利用，构建海上花园城市。

在南部城市带，要统筹布局打造舟山本岛南部海湾带，依托定海南部诸岛"海上花园"、小干岛商务区、沈家门国际渔港、朱家尖旅游休闲湾、桃花－登步"海上西湖"等构建海上花园城市的标志性景观形象带；在中部生态带，则利用中部天然山体作为绿色生态隔离区，使舟山本岛保持良好的生态空间；在北部产业带，新港工业园区可依托良好的港口资源集中建设现代临港及高新技术产业区，承接南部区域传统工业企业的转移升级，提升生产区的规模和档次。结合产业发展做好白泉等北部城镇与生产区配套对接工作。

此外，还需拓展多个功能组团，即定海组团、临城组团、普陀组团、白泉组团和朱家尖组团。

2013年，习近平总书记提出"一带一路"即"丝绸之路经济带"和"21世纪海上丝绸之路"的倡议。2014年11月，中央财经小组第八次会议上，习近平总书记强调要加快推进"一带一路"的建设。作为拓展国际经济基础合作新空间的国家战略举措，包括浙江舟山在内的沿海省市纷纷寻找在海上丝绸之路中的战略定位，力争占据战略主动。

2014年11月，李克强总理在浙江省调研时提出，要利用舟山区位优势和自然禀赋，建立江海联运服务中心，形成长江经济带和长三角发展的重要战略支点。舟山群岛新区开发，是中国发展海洋经济、统筹陆海发展宏大命题的具体探索。如何进一步发挥长江经济带与海上丝绸之路转换节点上"龙眼"的战略优势，是群岛新区未来抢占历史机遇、又好又快发展过程中必须解决的重大战略问题。

回眸过去，浙江舟山是海上丝绸之路的重要发祥地。而今，站在国家"一带一路"建设的上风口，舟山又一次按下了发展键。从中国首个以海洋经济为主题的国家级新区到舟山江海联运服务中心、中国（浙江）自由贸易试验区，再到波音公司首个海外工厂，作为海洋经济试点的排头兵，舟山近年来构筑起了海陆空全面发展的大格局。

四、钓鱼岛

钓鱼岛是钓鱼岛及其附属岛屿的主岛，是中华人民共和国固有领土，位于中国东海，面积 3.91 平方千米，周围海域面积约为 17 万平方千米。

自明朝初年起，钓鱼岛及其附属岛屿就被纳入中国版图，明永乐年间《顺风相送》一书中就有关于钓鱼岛及其附属岛屿的记载，这比日本声称的琉球人古贺辰四郎 1884 年发现钓鱼岛要早 400 多年。明朝以后，中国许多历史文献对这些岛屿都有记载。在日本 1783 年和 1785 年出版的标有琉球王国疆界的地图上，钓鱼岛及其附属岛屿属于中国。19 世纪末中日甲午战争爆发前，日本没有对中国拥有钓鱼岛及其附属岛屿的主权提出过异议。1895 年 4 月，清政府被迫签订丧权辱国的《马关条约》，把台湾全岛及其所有附属岛屿和澎湖列岛割让给日本，这以后在日本才有了"尖阁群岛"之说，而在此之前，日本的地图一直在用中国的名称标定钓鱼岛及其附属岛屿。

钓鱼岛是台湾暖流（黑潮）必经海域，是从太平洋来的台风通道，每年有多次台风通过。由于台湾暖流具有高水温、高盐度的特点，因而钓鱼岛海域的表层水温夏季为 27～30℃，冬季也不低于 20℃，比邻近区域的海水高 5～6℃。这种水温环境使钓鱼岛海域成为鱼类栖息、成长、繁殖的优良场所，成为我国东海著名的渔场。这样，就使福建沿岸和台湾地区居民能乘顺潮顺风之便，到钓鱼岛海域打鱼。周围海域的渔业资源十分丰富，盛产飞花鱼等多种鱼类，在中国的海洋渔业中占据重要地位。就海底资源而言，钓鱼岛周围海域海底石油储量巨大，有人曾经断定，钓鱼岛附近水域的石油资源使之"有可能成为第二个中东"。

这种诱人的憧憬，足以令人为之冒险。进入20世纪90年代，随着《联合国海洋法公约》的签订，200海里专属经济区制度的确立，日本海上扩张意识日益膨胀。而日本实现扩张的策略就是占领岛屿从而获取岛屿拥有的海洋区域。日本国内一些出版物对此有过明确的表述，由日本海洋产业研究会编写的《迈向海洋开发利用新世纪》一书中，公然将一些有主权争议和位置重要的岛屿，作为"对扩大与俄罗斯、朝鲜、韩国、中国等邻国海洋经济区的边界线起到重要作用"的关键所在。该书还露骨地提出，假如达不到对这些岛屿的主权要求，"日本海洋经济区只限于4个主岛海岸200海里水域内"，日本将减少200万平方千米海洋经济区域，仅拥有250万平方千米的管辖海域。就此日本外务省也承认，如占有钓鱼岛，日本将大大增加专属经济区的管辖范围。

以钓鱼岛为基础，日本才可以与中国分划东海大陆架，多20多万平方千米的海洋国土，进而攫取东海油气资源的一半！无怪乎有人将钓鱼岛视为日本染指东海大陆架丰富资源的唯一根据地。这就是日本无理强硬坚持钓鱼岛主权归属的首要因素。然而，首要并非是唯一的，促使日本对钓鱼岛主权强硬立场尚有政治和军事方面的原因。

日本是一个地形狭窄的岛国，防御纵深十分短浅。其内陆任何地方距海岸都不超过120千米。在战争爆发时极易受到来自各个方向的袭击，故日本基本上属于一个无纵深可资防守的国家。在第二次世界大战后期，日本就已吃过这种国土地形之苦，盟军利用它给日本本土以沉重的打击。

因此，一方面日本急欲扩大其军事防御的范围，其军事力量前出四岛建立前沿，才可对其海上安全更加有利；另一方面，日本占领和控制钓鱼岛可以将其所谓防卫范围从冲绳向西推远300多千米。这正符合日本一些人企图推行海上扩张政策的政治意图。日本可以以此对中国沿海地区和台湾省的军事防御实施舰、机的抵进侦察与监视，从而使我国的防御活动陷入被动。

同时，正如日本著名军事评论家小山内宏所指出的，钓鱼岛既适合建立电子警戒装置，也可设置导弹。这意味着日本可在此建立一个本土以外的军事基地，而这毫无疑问是在针对中国。可以说，日本方面正是认识到了上述军事价值，所以早在20世纪70年代就将钓鱼岛及其附近海域划入其警戒范围，并将钓鱼岛列入了日本的军事控制圈内。

对我国而言，钓鱼岛及其附属岛屿处在台湾岛东北最远端，直接与琉球诸岛相对，在地理位置上，它正处于中国大陆与琉球群岛之间，东西各距 200 海里。其前沿位置不仅对台湾岛的军事防御意义重大，而且对中国东南沿海方向的安全也有重要影响。从国土防卫的角度上讲，岛屿是大陆的前沿，在战争中具有重要的屏障作用。琉球群岛距离我国东部沿海一般仅 300～500 海里。

第二次世界大战之后，美国已将冲绳建成美军西太平洋军事"岛屿锁链"的中心环节之一。战后，美国海军一直在冲绳中城湾基地驻扎着包括 5 个分队的太平洋舰队第一两栖大队。美国一直将这里视为战争期间进攻远东地区的"桥头堡"，已经对我国东部沿海地区的安全构成巨大威胁。如果钓鱼岛再被日本永久霸占，美日安保体制下迅速发展的日本军事力量得以据此向西扩张；在可预见的将来，很难说其不对中国的安全构成潜在或现实的威胁。

由此可以得出这样的结论，钓鱼岛的战略价值非常重大，它不仅在于岛屿本身 3.91 平方千米的主权标志，而且在于其潜在的经济与军事价值。因此，无论从经济发展的角度，还是从国防安全的角度，我们都必须保卫钓鱼岛的主权所有，绝不容许日本的染指和霸占合法化，这乃是国家利益的要求。

对于当前日本国内的军国主义泛滥以及日本政府不顾中日关系的现状，执意推行损害双边关系行为的做法，中国政府与人民应一致保持警觉，时刻做好准备，坚决捍卫国家的主权。但是我们也应该看到，随着钓鱼岛问题愈演愈烈，短时间内无法得到解决，必须做好长时间的打算。针对钓鱼岛的争端，我们必须坚决地捍卫国家的主权和领土完整，在领土问题上绝不退让。

为此，一方面，我国必须尽快提升国防力量，尤其是海上军事力量。必须加快推动我国的经济建设，稳步提升我国的综合国力，为我国海洋领土争端的解决奠定强大的后盾。纵观国际关系的发展历程，领土问题的解决大多是通过战争来实现的，虽然现在和平与发展是时代的主题，但是在涉及国家主权和领土问题上，永远不能承诺放弃使用武力。

另一方面，要合理利用当前的国际法来捍卫我国的领土主权。在处理钓鱼岛问题中，我国一定要合理利用《联合国海洋法公约》以及《大陆架公约》，争取早日收回主权。同时，我国作为国际社会上的政治大国，应当充分利用政治与外交手段，向国际社会表明中国对于钓鱼岛的立场，并处理好与周边国家以及大国的关系，尤其是当前要正确处理好与东南亚国家在南海中的主权之争，更要防止日本与东南亚国家联合起来对抗中国。

南海岛屿战略空间

南海岛屿数量居四大海区第二，有 1700 多个，占中国海岛总数的 1/4 左右。其中绝大部分靠近大陆，主要大岛和群岛有海南岛、东海岛、上川岛、下川岛、大壕岛、香港岛、海陵岛、南澳岛、涠洲岛和万山群岛，只有属于珊瑚岛群的南海诸岛远离祖国大陆。其中的海南岛、香港岛、南澳岛以及部分争议岛屿，代表了我国在海岛战略空间开拓时的不同维度与处理方式，是为本海域战略空间拓展的几个经典模式。

一、海南岛

海南岛位于中国南端，北以琼州海峡与广东划界，西临北部湾与越南相对，东濒南海与台湾岛相望，东南和南边在南海中与菲律宾、文莱和马来西亚为邻。海南省的管辖范围包括海南岛和西沙群岛、南沙群岛、中沙群岛的岛礁及其海域。海南省全省陆地总面积 3.5 万平方千米，海域面积约 200 万平方千米，其中海南本岛面积 3.39 万平方千米。

海南省作为我国最大的海洋省份、唯一被全国人大常委会授予海洋管辖权的省份，管辖着超过 200 万平方千米的辽阔海域，油气资源储量巨大。同时，海南也是连接太平洋与印度洋和我国主要石油进口地区（中东）的交通要冲。海南岛在南海北部，除本岛具有特大型天然良港码头外，各项基础设施已经具备作为国家石油天然气集散、加工战略基地的条件，是今后几十年我国参与国际油气开发战略的理想地区之一。因此，国家应当充分发挥海南优越的资源优势和无可替代的区位优势。

海南省以岛屿形式存在，在这样一个相对封闭的地理条件下，设立南海综合开发战略基地便于集中管理和协调。同时，海南是离西沙群岛、南沙群岛、中沙群岛最近的大片陆地，具有最佳地理位置优势。当然，建立海南南海石油开发的大型战略基地要求我们必须在深海石油开发技术上有所突破，国际上大型石油公司在深海海区的作业，为我们提供了大量可资学习的经验和可以总结提高的教训。借鉴他人经验，展开国际合作，同时总结吸取他人教训，努力创新，掌握我国自己在该领域的核心技术，成为我国在这一领域的基本策略。因此，建立以海南为中心的南海石油开发与合作基地是我们必然的战略选择。

中国自 1993 年第一次开始讨论战略石油储备的问题，以应对石油供应中断可能带来的安全风险，至 2009 年第一批国家石油战略储备的四个基地（包括浙江镇海，浙江岱山，山东黄岛和辽宁大连）已经实现全部投产。此后，包括广东湛江、惠州，甘肃兰州，江苏金坛，辽宁锦州，天津，新疆独山子和鄯善在内的第二批 8 个基地也于 2012 年年底前全部建成注油。而海南则被国务院正式列入国家第三批石油战略储备基地名单，其独特区位优势、港航条件和战略定位对油储企业有极大的吸引力，将使其成为中国南方最大的石油战略储备基地。

中国与东盟国家在旅游合作方面一直走在国际旅游的前列，双方互为主要旅游目的地和客源国。"21 世纪海上丝绸之路"构想的提出，契合了沿线国家的共同需求，为各国优势互补、开放发展开启了新的机遇之窗，同时也将推动通关便利化，探索单一签证制度，逐步相互开放区域旅游市场，消除游客往来的过境障碍。

从区域旅游资源整合看，完全可以打造具有"神秘东方之旅"特色的邮轮旅游线路。2013 年年初，三亚首次规划开辟国内"海上丝绸之路"邮轮航线，以海南岛为基点，设定 10 ~ 20 天的航程。开辟三亚—雷州半岛—越南岘港—马来西亚马六甲—斯里兰卡—印度孟买—阿曼马斯喀特—阿拉伯亚丁—埃及陶菲克港—新加坡—三亚的海上跨国旅游线路。该航线的开通带给游客一个探险寻宝的旅程，唤醒人们对历史文化传承的回味。

海南参与开发环南海邮轮航线运营需要采取"合纵连横"的策略，一是应与域内的新加坡港、中国香港港和马来西亚巴生港等国际邮轮港口展开合作，积极参与东南亚邮轮市场竞争；二是要以珠三角和环北部湾的东南亚邮轮港口群为依托，发挥三亚、海口、厦门国际邮轮母港作用，形成沿海合力，开发新航线；三是倡导全方位邮轮旅游合作，包括与东北亚邮轮圈、中国台湾海峡邮轮圈的合作，做大本区域邮轮旅游市场的规模。①

2015 年 9 月，海南省人民政府出台了《海南省总体规划（2015—2030）纲要》，指出海南岛的战略目标是将生态与发展作为"出发点"和"归属点"，突出海南"生态、经济特区、国际旅游岛"三大优势，把握"一带一路、消费时代、创新发展"三大机遇，确定战略总目标为：到 2020 年，全面建成小康社会，基本建成国际旅游岛；到 2030 年，将国际旅游岛发展成为中国特色社会主义的实践范例。

同时，此战略定位则可以概括为："一点、两区、三地"。"一点"即"21 世纪海上丝绸之路"的战略支点；"两区"即全国生态文明建设示范区、全国改革创新试验区；"三地"即世界一流的海岛海洋休闲度假旅游目的地、国家热带特色产业基地、南海资源开发服务及海上救援基地。

"一点、两区、三地"的战略定位，结合海南岛屿省特征、生态环境承载能力和现状发展基础，按照"严守生态底线、优化经济布局、促进陆海统筹"的空间发展思路，统一筹划海南本岛和南海海域两大系统的环境保护、资源利用、设施保障、功能布局、经济发展，在构建全省生态安全格局，保护好海南绿水青山、碧海蓝天的基础上，调整优化全省开发建设空间，合理配置资源，促进海南全面健康可持续发展。预计至 2030 年，海南岛陆域空间中，一级生态功能区面积 11 535 平方千米，占全岛陆域面积的 33.6%；二级生态功能区面积 15 984 平方千米，占全岛陆域面积的 46.4%；开发功能区面积 3699 平方千米，占全岛陆域面积的 10.8%。

----

① 王新越等：《中国海南旅游开发探析》，载《中国海洋大学学报》，2013 年第 1 期；门达明等：《南海邮轮旅游圈战略思想——以海南省为基点》，载《旅游经济》，2015 年第 3 期。

1. 生态保护格局

基于山形水系框架，以中部山区为核心，以重要湖库为节点，以自然山脊及河流为廊道，以生态岸段和海域为支撑，构建全域生态保育体系，总体形成"生态绿心 + 生态廊道 + 生态岸段 + 生态海域"的生态空间结构。

2. 开发布局

建设海口、澄迈、文昌一体化的琼北综合经济圈和三亚、陵水、乐东、保亭一体化的琼南旅游经济圈，辐射带动全省；以高速公路、高速铁路、滨海旅游公路、机场港口为依托，优化全省城镇、旅游度假区和产业园区布局；加快特色产业小镇和美丽乡村建设，形成"日月同辉满天星"的开发建设结构。以海南岛及三沙市主要岛礁为依托，加强海上基地、机场航空、港口码头等基础设施建设，建立"布局合理、配套完善、保障有力"的海洋资源开发格局。

本岛开发区划包括"城镇功能区，旅游度假功能区，产业园功能区，乡村功能区，基础设施功能区"五类。

3. 新型城镇化

坚持把全省作为一个大城市统一规划，优化全省城镇空间格局和功能定位，以生态文明、全岛同城、区域一体、梯度推进、城园互动、产城融合为指导，促进两极地区一体化发展，全面提升城镇及乡村的就业吸纳能力和收入带动能力，促进就地就近城镇化，有序推进全省大、中、小城市及小城镇、乡村的协调发展，最大限度地优化空间资源配置，实现全省城乡公共服务均等化。城镇空间结构：全省构建"一环、两极、多点"的城镇空间结构。城镇等级规模结构：全省形成"省域中心城市—区域中心城市—县城中心镇—特色产业小镇"四个规模等级构成的城镇等级规模结构。

4. 产业发展

产业结构调整方向：大力提升热带高效现代农业、加快发展新型工业和高新技术产业、做大做强以旅游业为龙头的现代服务业。重点发展的十二类产业为：旅游产业，热带特色高效农业，互联网产业，医疗健康产业，现代金融服务业，会展业，现代物流业，油气产业，医药产业，低碳制造业，房地产业，高新技术、教育、文化体育产业。

旅游产业。重点发展海洋旅游、医疗旅游、购物旅游、会展旅游、文体赛事旅游、乡村旅游、森林旅游、房车露营旅游和特色城镇旅游。全省形成"一岛、两极、两区、六组团"的旅游发展空间布局。

热带特色高效农业。重点提升海南繁育种，发展天然橡胶、巩固发展冬季瓜菜等种养殖业、加快发展热带水果种植，推进农产品加工物流业和休闲农业、互联网＋农业、农业金融保险等农业现代服务业发展。

互联网产业。重点发展电子商务、游戏动漫和服务外包等应用服务产业，发展大数据、研发设计、数字内容、物联网和卫星导航等平台支撑产业和互联网＋旅游、互联网＋农业、互联网＋医疗等"互联网＋"产业。

医疗健康产业。重点发展特许医疗、中医药健康服务、健康养生、健康保险、中医药种植及产品研发应用和互联网医疗健康产业。

现代金融服务业。通过壮大市场主体、增加信贷资金、建设多层次金融市场、用好保险红利政策、强化普惠金融、推动地方金融创新等措施，提升海南金融服务业发展水平。

会展业。大力发展会展旅游，积极引进国际性会议、协会和大公司年会，在旅游购物、海洋旅游、健康医疗、互联网产业、特色高效农业、航天产业等方面培育一批国际化、专业化和品牌化的展会。

现代物流业。加强物流通道建设、完善物流网络、创新物流模式、整合物流资源、培育壮大物流企业，重点发展大宗商品交易中心、保税物流、跨境电子商务物流和城市共同配送、农产品、医药冷链物流。

油气产业。重点发展石油、芳烃、尿素、甲醇等化学原料产业，精细化工产业，新材料产业，高端化学制品产业和能源交易产业。

医药产业。重点发展生物医药(中医药、黎药、南药)，医疗设备等产业。

低碳制造业。重点发展汽车制造业、绿色食品加工业、新能源新材料业、新型网络制造业、游艇制造和海洋装备制造等产业。

房地产业。重点发展棚户区改造，改善本岛长居型居住地产、经营性旅游地产、度假旅居型地产、商业地产。建立持续稳定健康的房地产产品供应体系与住房保障体系。

高新技术、教育、文化体育产业。重点培育高新技术、特色娱乐产业、文化旅游产业、文化节庆会展产业、影视制作产业、新媒体与创意产业、体育休闲产业和对外文化贸易产业。

根据产业发展规划，资源和区位条件，结合现状建设和远景规划设立省级重点产业园区，包括旅游产业园区、高新技术及信息产业园区、临空产业园区、工业园区、物流产业园区和健康教育园区共六类产业园区。

5. 基础设施

路网。任务目标：推动全省"海陆空立体化交通系统"的一体化互联互通。进出岛交通设施——航空：形成"南北东西、两干两支"的机场布局；港口：推进"四方五港"建设，整合全省港口资源；铁路：改造升级现有粤海轮渡设施；力争开通动车轮渡，实现海南高铁与全国高铁联网。

光网。任务目标：按"一年补短板、三年达先进、五年要领先"的目标，实现海南省网络强岛建设，并取得突破性发展。三网融合：推进电信网、广播电视网、互联网"三网融合"工程，开展"中国移动、中国联通、中国电信"三网基站和通信线缆通道的共建工作，打造"数字海南"。信息网络设施：构建海南省"三纵三横"的网格状干线传输光缆网络。

电网。任务目标：建设全岛智能电网系统，完善电源与输配电网络设施建设，改善农村电网服务水平。电源结构：构建以清洁煤电、核电为主力电源，以燃气和抽水蓄能为调峰电源，以可再生能源为补充的电源结构。线网设施：加强海南电网主网架结构建设，同时建设联网二回工程，加强与大陆主干网的连接；实现全省"双回路跨海联网、双环网沿海覆盖、三通道东西贯通"的电力主网架格局。

气网。任务目标：逐步提高全岛燃气普及率；实现管道天然气覆盖全省市、县、城区。供气气源：重点开发海上气田，建设琼粤天然气管线、洋浦液化天然气接收终端和海南液化天然气仓储转运中心。气网建设：到2020年，建设完成文昌、琼海、万宁、陵水至三亚的高压天然气管线，建成环岛高压天然气环网，配套燃气门站和高中压调压站建设；到2030年，建设环岛天然气管道向中部市、县、城区延伸，实现定安、屯昌、琼中、白沙、五指山、乐东、保亭等城区的管道天然气供应。

水网。任务目标：构建防洪抗旱减灾、水资源合理配置和高效利用、水资源与水生态环境保护三大体系。水网连通：规划三大河流连通工程和三条跨界河流连通工程，同时布局五大扇形水网建设，并同步配套建设管理网和信息网，实现"三网合一"。灌区建设：把灌区骨干渠系节水改造、末级渠系建设、田间工程配套和高效节水灌溉工程统筹考虑，优化全岛农田灌溉体系。设施建设：推进红岭灌区工程、海口市南渡江引水工程、迈湾水利枢纽工程和天角潭水利枢纽工程。继续实施大江大河整治、重点中小河流治理、海堤建设、涝区治理、山洪灾害防治、病险水库和病险水闸除险加固。完善供水保障体系，推进供水排水水厂及配套管网建设，巩固提升农村饮水安全成效，完善大中型水库库区和安置区基础设施建设，进一步加强主要江河湖库水文、水资源监测能力建设。

6. 公共事业

医疗服务。基本建立由省、市（县、区）、乡镇（社区）、村四级医疗卫生机构组成的医疗卫生服务体系。完善东、西、南、北、中五大区域医疗卫生中心；实现全省"一小时三级医院服务圈"全覆盖。

文化体育事业。优化全省文化体育事业发展的空间布局，在海口、三亚建设具有国际一流水准的标志性文化设施和服务平台；在东部地区市县做大做强文化事业，促进公共文化资源共建共享；在中西部地区市县继续加强基层文化设施建设，令文化与旅游深度融合。

教育事业。到2020年，教育发展主要指标达到全国中等偏上水平。加快推进课程改革和人才培养模式改革，全面实现县（市、区）义务教育发展基本均衡，加快调整城乡义务教育学校布局和职业教育、高等教育结构，着力推进热带海洋学院、旅游大学、教育产业园区建设等教育重点工程，继续扩大学前教育规模，适度扩大普通高中教育资源，加快扩大国内外合作办学规模。重点发展学前教育、义务教育、普通高中教育、民办教育、特殊教育、继续教育、素质教育和特色文化教育。

科技事业。凝练实施一批重大科技项目：在海洋工程、新一代信息技术、新材料、新能源和环境、医药和健康、生物和现代农业等领域，凝练实施一批体现海南发展战略的重大科技项目。优化科技创新资源配置，加快构建科技成果转化体系，优化整合基地和人才专项，推进高新技术产业园区建设。

二、香港岛

香港是世界上极具活力的国际金融中心之一和亚洲首屈一指的股权融资市场。香港金融业独具特色，拥有综合的金融机构及市场网络，是维持香港经济增长的主要支柱行业。香港特别行政区政府一直积极寻找方法，致力于改善相关"软件"，例如拓展人民币业务范围，促进市场开发，提升金融市场及推广香港品牌等。商业服务也是香港主要经济动力之一，促使香港进一步成为亚太地区主要的金融、商业、贸易和运输中心。《更紧密经贸关系安排》的实施为香港的专业人士和服务供应者在内地提供了新的商机，促进了服务业的进一步增长。

同时，香港也在努力增强所需的"硬件"条件，不断提供极具吸引力的办公环境，尤以商业金融中心区为代表。预计至 2030 年，与就业相关的楼面面积总实际需求约为 1100 万平方米，其中商业中心区的甲级办公室占 270 万平方米。香港特别行政区政府采取综合集中发展和分散发展两种方案，主要集中在维多利亚港范围寻找发展机会。此外，还有西九龙、启德、鲗鱼涌三个办公组群。香港特别行政区政府还准备利用剩余未开发的办公用地以及空置的"政府、机构或社区"用地，腾空目前政府办公室的空间或用地以作甲级办公室，来加强现有商业中心区的功能。此举不仅能提高业务效率，也能为顶级公司和跨国企业提供其所追求的显赫地位。对于众多此类公司而言，坐落于商业中心的核心地段，坐拥地标性的优质办公楼宇至为重要。

"一带一路"倡议着眼于通过加大中国在沿线国家和地区的基础设施投资，为中国商品创造新市场。"一带"是指"丝绸之路经济带"，范围一路延伸至中亚国家。"一路"是指"21 世纪海上丝绸之路"，旨在扩展中国的贸易实力，加大对东南亚国家乃至更远的南亚、非洲地区的基础设施投资。作为中国内地连接世界最主要的"桥梁"，香港岛是中国内地企业对外投资的首选地。同时，香港岛作为全球重要的货物流通中心，在"21 世纪海上丝绸之路"建设中，如能继续发挥船运、货代、物流企业的聚集优势，仍将是连接内地与海上的重要中转站。

香港在"一带一路"倡议中可以做很多事情，可以在协助内地企业融入"一带一路"沿线国家和地区中担当重要的中介角色，成为内地企业"走出去"的重要平台。海上丝绸之路沿线包括了东盟成员国，东盟是香港的第二大贸易伙伴，香港与东盟的经贸关系具有一定的优势。香港金融服务的空间将被显著"放大"。

"一带一路"沿线多为新兴经济体与发展中国家，经济发展梯度明显。中国落实该倡议将带来众多建设项目与融资需求，仅靠内地金融机构显然无法满足这些跨国融资需求。而香港是成熟的国际金融中心，能够提供标准化的金融产品，充分发挥其优势。

香港除了提供成熟的金融服务，还将在人民币国际化的战略中获益。中国在与其他国家进行贸易发展合作时，必将推进人民币国际化进程。未来人民币的国际化对香港来说是很大的契机。香港已具备这方面的软、硬件条件，在国家支持下，香港应致力于发展成为境外人民币离岸中心。作为人民币国际化的里程碑事件，沪港通的顺利开通已经为下一步的深港通成功"试水"。

香港专业服务业有望大展拳脚，要加强香港和"一带一路"沿线国家的贸易联系，香港在会计、审计、商业管理、法律服务等行业聚集了大量高端的国际化人才。"一带一路"战略中"走出去"的内地企业，急需熟悉国际规则的人才，香港如能打造成适应这一需求的国际营运中心，将为这些企业提供助力。"一带一路"途经的经济体大部分仍处于发展阶段，与香港的先进服务业有很大的互补性，而且可以预期，沿途国家和内地的经济与贸易联系必然会更加密切，相信香港的贸易物流、金融、商业服务、旅游等业界将可担当积极的角色，定位于粤港现代服务业合作区的深圳前海，也是香港参与"一带一路"的重要平台。

三、南澳岛

南澳岛位于闽粤两省要冲，扼台湾海峡的南大门，濒临西太平洋的主要国际航线，海洋战略空间位置十分重要。

南澳县是广东省唯一的海岛县，总面积 113.8 平方千米，由南澳岛及周边 32 个岛屿组成。南澳生态环境优美，海岛资源丰富，海洋水产、滨海旅游和风力、港湾等资源尤为突出，"阳光、沙滩、海水"更是现代旅游开发的天然条件。

自古以来，南澳的海上交通就很发达。据史料记载，明清时期，南澳岛是海上丝绸之路的必经之地，而近年来，南澳立足资源特点和生态优势，大力发展以旅游业为主导的生态型海洋经济区，形成了滨海旅游、生态养殖、风电工业和对台经贸的特色产业。

综观潮汕历史，潮汕地区自古代开始就在开拓海上贸易，即使在明朝"海禁"情况下，仍大胆走向海洋，开展对外贸易，其中"南澳一号"沉船便是例证。据悉，为加强对海岛生态环境的整治，强化海洋生态保护，南澳岛大力建设海洋生态牧场，深入推进绿化工程建设，努力引进环保项目上岛。

2015 年 1 月 1 日，南澳大桥建成通车。大桥西起澄海莱芜，横跨后江湾，终点在南澳长山尾，接入环岛公路，是广东省"县县通高速"和省道 S336 线的重要组成部分。大桥采用二级公路技术标准，全长 11.08 千米，桥面宽 12 米，双向两车道。南澳大桥的建成通车，结束了岛上居民出入不便的历史，破解了制约海岛旅游、经济发展的交通"瓶颈"。对于加快汕头东海岸新城建设，拓展城市发展空间，带动潮汕旅游热，促进粤东融入"海西"经济区，加速粤台经贸合作，增强海防建设等，皆具有十分重要的现实意义。

大桥的通车，给南澳当地带来了无限商机，其中受益最明显的当属餐饮、海产品超市与旅游业。客流的增多，在很大程度上刺激了旅游业的发展，以前受制于交通不便，进出岛的时间无法自由决定，很多想来南澳的游客都不敢来，但现在不同了，南澳大桥一开通，游客蜂拥而至，节假日游客人数呈"井喷式"增长。

据统计，在 2015 年"十一"黄金周的日均进出岛人数达到 4 万人，比前年同期多了 4 倍，而月均进岛游客达 30 多万人。很明显的一个变化就是带动了南澳旅游消费的增长，现在景点周边的海产品超市、餐饮以及民宿等星罗棋布。大桥通车一年，不仅给进岛游客提供了方便，更给南澳岛的居民打开了

"生命通道"。不少岛民表示，大桥通车的这一年来，不仅日益增多的游客给南澳岛带来了活力与商机，同时也为他们出岛提供了更大的便利。

接下来，南澳县计划以创建文明海岛为抓手，充分利用海岛的资源优势和优越的自然环境禀赋，开展一批夯实发展、惠及群众的民生项目，包括十大校园建设、十大道路(岸线)建设、十大广场(公园)建设、十大民生项目建设、十大休闲旅游景区(景观)建设、十大服务平台(体系)建设改造项目等"六个十"项目，打造整洁、安全的生态旅游文明海岛，让海岛群众从中获得更多幸福感。

南澳县在创建文明城市中高度重视民生项目的建设，以群众的获得感和满意度作为衡量标准，把创文明工作与创建广东省文明县、创建全岛域国家5A级旅游景区紧密结合起来，进一步优化发展环境，增强凝聚力和综合竞争力，积极推进"六个十"项目建设。

四、南海争议岛屿

南海诸岛(指东沙群岛、中沙群岛、西沙群岛和南沙群岛)自古以来就是我国的神圣领土，我国对南海诸岛的主权毋庸置疑。但从20世纪60年代迄今，南海诸岛的岛礁不断被周边国家侵占，南海资源被大量掠夺。我国在南海的岛礁、海域的领土主权并没有能够得到合理、切实、有效的维护，周边国家(地区)通过非法的军事占领和资源开发已造成"实际控制"的事实。因此，我们必须对南海争议岛屿权益的维护进行战略规划：

构筑南海海底地形图，设立南海科学考察机构。海底地形图可以反映南海的地形地貌特征及其演变规律，展现海底地形的形态、布局和成因。构筑海底地形图有助于摸清南海资源分布状况，为海洋国防安全、海洋交通运输、海洋工程的建设提供科学依据，也是我国在国际海洋争端中的有利证据。而南海海底地形图的绘制是建立在高科技的基础之上的，因此必须设立一个专门的南海科学考察机构，长期负责南海资源的科学考察、资源调查等工作。

建立南海生态系统保护区，促进海洋资源可持续利用。南海诸岛地理位置独特，远离大陆，海水质量高，自然条件优越，具有大量的珊瑚礁及珊瑚礁生态系统，渔业资源丰富。但由于管理缺失，无序开发，渔业资源和珊瑚礁遭到严重破坏，海洋生态失衡。为此，应加强南海诸岛及附近海域的环境保护，进而强化我国在南海海域的主体地位。通过建立海岛自然生态保护区，加强对珊瑚礁、海草床等海洋生态系统的保护；设立环境质量监测点，定期向周边国家地区发布南海区域海洋环境质量公告；加强海上巡查力度，严格限制破坏海洋生态环境的开发行为。

以国际公认的理由，在南沙建立热带海洋试验场。在南海诸岛上建立热带海洋科学实验站和试验场，系统研究南海海况和气象变化，为海洋的深度开发提供基础理论和关键技术；建立海水淡化厂，解决南海诸岛的用水问题；研究热带海洋各种鱼类生活习性和活动规律，为南海渔业资源的可持续发展提供智力支持；加强南海可再生能源的研究（如波浪能、温差能、海流能），解决岛屿上能源缺乏的问题；开展各种海洋生物药用成分研究以及海洋环境保护等，充分发掘南海资源；建立南海岛屿的港口和渔业生产服务基地，开辟礁区航道和锚地，为来往的渔船和运输船只提供服务支持。

健全南海巡航制度，加强国际交流互动。为保卫国家主权和领土完整，维护海洋权益，发展军事力量、加强防卫是重要的保障手段。而海洋开发与保护需要强有力的维权执法队伍作保障，建立南海海上巡航制度显得尤为重要。据统计，2012 年，中国海监南海总队共派出海上维权编队 58 航次，航程 10 万多海里；飞机飞行 531 架次，飞行 100 多万千米，对南海海域进行了全天候的立体巡航执法检查。

鉴于南海岛屿争端的复杂性和多变性，还应制定海域维权巡航执法条例，以进一步整合涉海部门的海上维权执法力量。在巡航维权的过程中，重点对海洋渔业和海洋油气区域进行巡查，根据南海的休渔期制度，以改善南海渔业生态、促进其可持续发展为目的，严厉打击非法捕捞行为，凸显我国的南海海洋管辖权。同时，我国应本着和平合作的精神，不断增加与他国之间的互访活动与交流机会，包括举行海洋环保、搜寻与救助、打击跨国犯罪等活动。如为形成南沙海洋生物资源开发的良好秩序，维护南沙海域生态环境，也可以尝试与他国成立海洋联合执法队伍，共同打击破坏海域环境的行为，增进彼此的互信和了解。

第六章

海洋世纪：未来中国的海洋战略空间展望

顺应当下中国海洋战略空间发展的形势

一、海洋强国战略理论的提出

中外历史经验共同证明了一个规律，即国家兴衰与海洋之间存在着密切的联系。地缘政治学创始人弗里德里克·拉采尔曾经说过："只有海洋才能造就真正的世界强国。跨越海洋这一步在任何民族的历史上都是一个重大事件。"[1]苏联的戈尔什科夫将军也曾指出："国家海权在一定程度上标志着一个国家的经济和军事实力，因而也确定这个国家在世界舞台上的地位和作用。"

从国际政治角度看，海洋已成为国际热点问题之一。无论是在联合国及其相关机构和组织，还是在地区性组织中，海洋议题均已成为每年的讨论重点之一。当下，海洋问题已受到国际社会普遍关注，与气候变化、可持续发展等全球性重大问题相提并论。海洋领域成为世界大国之间、各利益集团之间战略博弈与竞争的重要平台。

为应对新的机遇与挑战，美国、俄罗斯、日本、印度和越南等许多沿海国家纷纷制定或调整其海洋战略和政策，为实现其国家战略目标服务。在海洋已经成为国际和周边地区战略竞争与合作新的重要领域的历史阶段，中国面临走向海洋、建设海洋强国的战略机遇期，实施海洋强国战略是符合时代潮流的必然之举。

从地理区位上来看，中国是一个陆海兼备的国家，西靠大陆、东朝大洋，位居世界最大的大陆与最大的海洋边缘。由于我国历史上长期以来注重陆地资源开发，轻视海洋资源的开发及利用，尤其是海洋意识不强，海洋科技装备落后，所以开发和利用海洋及其资源的政策及措施明显不强，延滞了我国海洋事业发展进程。加上中国的地理位置、历史及其他原因，即主客观要素或原因，致使我国在海洋问题上的举措并不充分和有力，从而积累了众多的

---

[1] ［英］杰弗里·帕克：《二十世纪的西方地理政治思想》，李亦鸣译，北京：解放军出版社，1992年，第63页。

问题，且有不断恶化的倾向，呈现严重影响及损害国家主权和领土完整的趋势。

中国共产党第十八次全国代表大会报告明确提出："提高海洋资源开发能力，发展海洋经济，保护海洋生态环境，坚决维护国家海洋权益，建设海洋强国。"党的十九大则进一步指出："坚持陆海统筹，加快建设海洋强国。""建设海洋强国"概念进入党的十八大、十九大报告，在国内外形势复杂的当前具有重要的现实意义、战略意义，是中华民族永续发展、走向世界强国的必由之路。

"海洋强国战略"是我国在海洋上所追求的利益的最高选择，也是中华民族走上繁荣昌盛的必由之路。对我们这样一个海洋大国而言，海洋国家利益的得失直接决定或影响着国家政治、经济、安全、文明进步的走向，甚至影响国家的前途和命运。

习近平总书记指出，"建设海洋强国是中国特色社会主义事业的重要组成部分"，推进海洋强国建设，要"坚持走依海富国、以海强国、人海和谐、合作共赢的发展道路"，要求"要提高海洋资源开发能力，着力推动海洋经济向质量效益型转变"，"要保护海洋生态环境，着力推动海洋开发方式向循环利用型转变"，"要发展海洋科学技术，着力推动海洋科技向创新引领型转变"，"要维护国家海洋权益，着力推动海洋维权向统筹兼顾型转变"。在"一带一路"重大机遇下，我们还要打破传统的海洋发展理念，以"四个转变"为导向，处理好各类矛盾关系，不断实现创新突破。

实现海洋强国战略的总目标，具体可分为三个阶段：

2020 年之前为起步阶段。这个阶段的发展战略目标是使海洋经济增加值占国内生产总值的 10% 左右；建立起以市场为导向，以效益为中心，结构合理、协调发展的海洋经济体系；海洋综合管理得到强化，海洋综合管理体制形成，多职能、现代化的海洋执法队伍初具规模；海洋国防力量得到加强，海防装备的现代化水平明显提高。

2021—2035 年为全面发展阶段。新兴的海洋高技术产业形成，一个各具特色的临海经济产业群、高新技术产业带和海陆一体化城镇体系基本形成；

这个阶段的海洋经济增加值占国内生产总值的18%左右，海洋经济成为国民经济的重要支柱之一；海洋综合管理、海洋环境保护达到沿海发达国家水平；具有中国特色的现代海防战略体系基本建成，我国的海防军事实力和海防现代化水平进一步提高，进入区域性海洋军事强国行列。

2036—2050年为海洋事业全面腾飞阶段。这个阶段海洋经济增加值占国内生产总值的25%以上，新兴海洋高新技术产业进入全面开发阶段；海洋研究、海洋开发、海洋保护、海洋管理、海洋环境、海洋产业综合实力居世界领先水平；海洋国防实现现代化，中国由一个海洋大国跨入世界海洋强国之列。

二、陆海统筹战略方针的辅推

海洋是人类生存和可持续发展的重要物质保障，中华民族是最早利用海洋的民族之一。但是，受农耕文明影响，我国历史上海洋意识薄弱，重陆轻海，使中华民族错失海洋大发展的机遇。

作为一种重要的发展理念，陆海统筹是我国在发展思路上做出的历史性转折，它的提出是国际海洋开发大势和我国陆海发展的具体实际综合影响下的产物。此外，它的出台也有效地推动了中国海洋战略空间的拓展。事实上，从海洋空间的第一个层次来审视，"陆海统筹"方略就明确地定位了中国海洋战略未来的空间位置，可以说是中国海洋战略空间的重要组成部分。

从比较宽泛的意义上来理解，陆海统筹发展是涵盖陆地和海洋两大地理板块、关系到国家发展和安全全局的战略性命题，涉及资源、经济、社会、生态和主权权益维护等方方面面的内容，具有非常丰富的战略空间内涵。简单来说，陆海统筹就是从全国的角度对陆地和海洋国土的统一筹划，是科学发展观在优化包括蓝色国土在内的国土开发格局中的具体落实。①

具体而言，陆海统筹是指从陆海兼备的国情出发，在进一步优化提升陆域国土开发的基础上，以提升海洋在国家发展全局中的战略地位为前提，以

---

① 曹忠祥等：《我国陆海统筹发展的战略内涵、思路与对策》，载《中国软件科学》，2015年第2期，第4页。

充分发挥海洋在资源环境保障、经济发展和国家安全维护中的作用为着力点，通过海陆资源开发、产业布局、交通通道建设、生态环境保护等领域的统筹协调，促进海陆两大系统的优势互补、良性互动和协调发展，增强国家对海洋的管控与利用能力，建设海洋强国，构建大陆文明与海洋文明相容并济的可持续发展格局。

海洋和陆地一样，都是人类生存发展的重要物质来源和空间载体，是国家国土资源的重要组成部分，理应在国家发展中占有同等重要的地位。然而，在过去的发展实践中，由于对海洋的地位与作用以及海陆关系认识的不到位，加之受管理能力不足和经济发展方式粗放等多种因素的影响，导致海陆经济发展的水平和能力存在着较大差距。鉴于此，陆海统筹发展战略的实施，必须以增强海洋国土观为前提，破除"海陆两分""重陆轻海"的思想观念，提升海洋（内海、领海、海上岛礁、专属经济区和大陆架）作为国家国土组成部分的主体地位，赋予其在国家发展安全中与陆地同等的战略地位，凸显海洋对国家富强和民族振兴的战略支撑作用与价值。

2002 年，习近平同志在福建工作时就对提高海洋意识、深化海洋国土观念作了重要论述，指出要使海洋国土观念深植在全体公民尤其是各级决策者的意识之中，实现从狭隘的陆域国土空间思想转变为海陆一体的国土空间思想。2013 年，习近平总书记进一步强调，"我国既是陆地大国，也是海洋大国"。海陆一体的国土意识，将蓝色国土与陆地领土视为平等且不可分割的统一整体，这是我国几千年来国土观念未有之变革，是中华民族寻求新的发展路径的重大战略选择。

从长远发展看，陆海统筹是陆海两种生态经济系统相互作用下的必然趋势，这是海陆两大系统在资源、环境和社会经济发展等方面客观存在的必然联系所决定的。正确处理海洋国土开发和陆地国土开发、海洋经济发展和陆域经济发展的关系，不仅是海洋经济发展的需要，而且是国家和地区经济健康发展的必然要求。

因此，陆海发展关系的协调是陆海统筹战略实施的重要方面。从现阶段解决陆海发展中存在的资源开发脱节、产业发展错位、空间利用冲突、资源和生态环境退化等问题的角度出发，资源开发、产业发展、基础设施建设、生态环境保护领域的统筹应该是海陆关系协调的重点任务。

陆海统筹发展的具体思路包括以下四点：

其一，以海洋大开发为支撑。实现陆海发展战略平衡与陆海统筹是一个事关国家发展与安全的大战略问题，是我国建设海洋强国、迈向世界强国之林的必由之路和重大战略举措，其发展在很大程度上取决于国家的战略意志和战略决策，必须置于国家工作全局来审视其战略功能定位，并将其纳入更高的国家议事日程。针对现阶段我国海洋战略地位不高、海洋发展滞后的实际情况，必须切实提高全社会特别是政府决策部门的海洋意识，树立全新的海洋国土观、海洋经济观、海洋安全观，注重建设海洋文明。将海洋开发作为国家国土开发的重要组成部分，在综合权衡陆地经济发展基础、发展需求和海洋国土资源状况及其开发现状的基础上，逐步将国土资源开发战略重点转移到海洋国土的开发上来，促进海洋大开发和海洋经济大发展，不断提高海洋在国家发展战略中的地位与作用。加快推动国家发展战略由"以陆为主"向"倚陆向海"乃至"陆海并重"转变，实现国家区域发展战略与海洋发展战略的有效衔接和陆海之间的战略平衡。

其二，发挥沿海地区核心作用。促进海陆一体化发展，按照海陆相对位置和在国家发展中地位与作用的不同，陆海统筹发展中的陆域和海域可进一步划分为内陆、沿海、近海（领海、专属经济区和大陆架）和远海（公海和国际海底区域）四大地理单元。陆海统筹发展战略在空间上必须从海陆一体化联动发展角度对四大地理单元的发展进行统一的谋划，从而实现与国家区域发展战略和海洋战略的有效衔接。我国经济社会发展空间不均衡，沿海地区人口众多、要素集聚度高、经济社会发展水平高，是我国区域发展的核心地带和国家区域发展战略所确定的率先发展区域。同时，特殊的地理位置决定了沿海地区是海陆之间物质、能量和信息交换的重要媒介，是海洋开发的重要保障基地、海洋产业发展的重要空间载体，也是海陆相互作用强烈、矛盾和冲突最为集中的区域，在陆海统筹发展中具有举足轻重的地位。

其三，加快陆海双向"走出去"步伐。拓展国家发展战略空间全面开放是我国当前奉行的基本国策，而加快"走出去"步伐是其中的主要方向，是拓展国家发展战略空间的必然选择。经过多年的发展，我国边疆的沿边开放已经取得了比较大的进展，特别是以国际次区域合作为主要形式的国际合作步伐的加快，对于扩大国家资源保障来源、促进陆路国际战略通道建设、稳定边疆、带动内陆广大区域发展等已经发挥了重要作用。今后要在进一步加快沿边开放、促进国家陆上战略空间拓展的同时，继续发挥沿海开放在国家对外开放中的主导作用，特别要将海上开放开发作为我国对外开放和实施"走出去"战略的重要方向。

其四，提高综合管控能力。管理水平低下、科技能力不足和海上力量建设滞后是当前制约陆海统筹特别是海洋开发的主要因素。坚持海洋开发与海上安全维护并重，强化海洋管理、科技支撑能力以及海上执法维权和军事防卫力量建设，提高海上综合管控能力，也应该是未来推进陆海统筹发展中必须着力解决的关键问题。

陆海统筹是战略性思维，作为指导陆域与海域两大系统协调发展的基本方针，政府在其中居于主体地位，必须充分发挥好国家和地方各级政府的职能。在国家层面上，要注重通过宏观战略、规划、政策、法律法规的制定，统筹规范陆地和海洋开发活动，并发挥国家在海上综合力量建设、海洋权益维护和国际交流中的主体作用；在区域和地方层级，应主动服务国家海洋强国战略，加强区域性国土（海洋）规划、生态环境保护规划和政策的制定，推动海陆国土资源合理开发、区域性重大基础设施建设和以流域为基础、以河口海陆交汇区为重点的海陆生态环境综合保护与治理等。

培养推动中国海洋战略空间发展的人才

一、中国海洋战略空间的人才培养

（一）中国海洋战略空间人才的发展现状

随着海洋经济的发展和海洋科学研究的深入，国家对海洋人才的需求不断增加，海洋高等教育的规模也不断扩大。经过几十年的努力，我国的海洋教育和海洋人才培养取得了长足的进展。我国现有涉海高等学校、科研机构100多所，主要分布在沿海各省、市、区，拥有海洋科研和教学机构较多的地区是山东省和广东省，其他依次为浙江省、辽宁省、天津市、上海市和福建省，有教学、科研人员数万人，已初步形成了一支集海洋基础科学研究与海洋应用科学研究于一体的海洋专业人才队伍。虽然我国在海洋教育和海洋人才培养方面取得了很大的成就，但仍存在一些较为突出的问题。

国民海洋意识薄弱。由于历史原因，我国一直存在"重陆轻海"的思想，全民族的海洋观念和海权观念较为淡薄，对海洋在发展和强大国家实力中所起的作用和地位认识不足。在20世纪末，《中国青年报》曾进行中国青年蓝色国土意识调查，调查结果显示我国青年海洋意识薄弱，近2/3被调查者误认为我国的国土面积为960万平方千米，而300万平方千米的主张管辖海域根本不在这些被调查者的脑海中。海洋意识的薄弱已经成为制约我国海洋事业发展的不可忽视的因素。

海洋人才难以满足海洋事业的发展要求。虽然我国的海洋教育规模在不断扩大，海洋专业人才在不断增加，培养层次也在不断提高，但与其他发达国家相比，与我国海洋工作的实际需要相比，我国的海洋人才培养还远远不能满足海洋事业发展的需要。当前我国海洋人才面临的主要问题是人才结构不合理：海洋产业职工中专业技术人员的比例偏低；海洋综合管理人才相对缺乏；海事法律人才、海洋军事人才、海洋综合管理人才和战略人才相对缺乏；普通专业人才过剩；中青年高层次、高素质人才匮乏；人才流动渠道不够顺畅，引进困难与人才流失并存，用人机制有待创新，论资排辈、人才浪费现象依然存在。我国的海洋人才队伍不论规模还是质量都与发达国家存在较大的差距，与当前我国快速发展的海洋事业对海洋人才的需求也存在很大距离。

整体发展不平衡。从全国涉海高校来看，在数量上略显不足，在布局上多位于沿海发达省份；从人才培养质量来看，只有少数高校海洋教育的历史较长、师资较强、水平较高，人才培养的体系比较完善，海洋教育对绝大多数高校而言还是一个新事物，还处于摸索阶段，全国海洋教育总体水平不高，教育体系还不够完善，布局均衡性和整体优化还有待于进一步发展。

专业种类单一。我国海洋专业的种类比较单一，还远没有建立起海洋领域跨学科人才、交叉学科人才和海洋新兴产业领域高端人才培养的有效机制和教学体系，而海洋事业又偏偏具有多学科交叉渗透和集成综合的特点，迫切需要一批具备多学科知识和多方面综合素质以及多种类海洋专业知识的海洋从业者。

（二）沿海国家及地区海洋战略空间人才的培养

1. 美国海洋战略空间人才政策及特点

美国注重实施海洋终生教育战略，通过幼儿园到12级的教育课程，让学生在教育中了解海洋问题，提高海洋意识，再通过各种高等教育，培养下一代的海洋科学家、管理者、教育者和领导者。在常设的国家海洋委员会中设立教育办公室，通过社会各阶层普及海洋知识；美国私人机构也参与海洋人才的培养，如美国最大的私立综合性海洋科学研究机构伍兹霍尔海洋研究所，与麻省理工学院和哈佛大学合作，致力于海洋科学前沿的研究和高级教育工作，拥有研究生122人，博士后53人。该研究所不仅具有世界顶级的实验室和设施，并为美国顶级海洋人才的培养提供场所。美国海岸警卫队学院的学员除了学习专业知识和军事训练外，还进行社会实践，而且毕业后无需找工作，可直接分配到海岸警卫队。不仅收入超出一般的大学毕业生，还具有各种特殊的津贴和补助。

2. 日本海洋战略空间人才政策及特点

日本注重培养全民族的海洋意识，从娃娃抓起，从孩子的启蒙阶段就重视海洋意识教育。此外，还重视对政府人员和公众的海洋教育工作，强调提高国家海洋意识、公众海洋意识，认识到培养各种海洋人才的重要性。为了实现国家在海洋方面的战略目标，利用各种宣传媒介普及海洋知识，在提高民众的海洋意识和踊跃参与海洋管理的基础上，实行综合性海洋政策，实现海洋综合管理。再次，设立了政府、大学、研究机构、企业、地域社会相结合的海洋研究资助制度，充实大学中与海洋有关的跨学科教育与研究。

3. 我国台湾地区海洋战略空间人才政策及特点

2008 年 7 月，正式设立了台湾海洋科技研究中心，其主要任务之一就是培养海洋科技人才。台湾地区的海洋教育着重从以下几方面做起：增设和海洋相关系所并增加师资力量，培育海洋科技研究、资源、航运、法政、保险、对外事物谈判等方面的优秀人才；奖励临海及附近渔村的学校发展具有地方特色的海洋教室；从历史、文化、交通和贸易等角度，设计与海洋相关的知识教育课程，以专题演讲、专家座谈、开放讨论等方式，提供更广泛的海洋知识教育教材；补助海事相关学校加强学生海事、水产实习，办理学生上船实习等；加强海事、水产各级学校课程的衔接与补强教学、教育资源或信息交流等。

（三）未来中国海洋战略空间人才的布局与方向

首先，要加强宣传，强化公民海洋意识培养。"蓝色文化"深入人心需要一个漫长而持久的过程。为此，国家要成立海洋观教育中心，把推动海洋观教育、强化全民族海洋意识、传播海洋知识作为一项战略任务来抓。我们要在实践中改变海洋教育仅限于少数涉海院校和研究机构，在基础教育和科学知识普及中对海洋教育重视不够、普及程度较低的局面；改变长久以来各种通俗海洋科普读物、文艺读物、影视作品等比较少，各种媒介宣传力度不够的现状。

我们要充分利用多种宣传媒介（如广播、电视、电影、报刊、网络、书籍等），从政府、社会、学校、家庭等方面着手，在全民中广泛系统地开展海洋教育，普及海洋资源开发、海洋环境保护、海洋自然灾害防灾、减灾等海洋知识，营造一种全方位、多层次的海洋知识教育氛围，提高公民的海洋意识。要构建全国性的"海洋科普教育基地"，建立海洋科普网站，开展"海洋科普进校园活动"，坚持不懈地进行海洋国土观念教育和海洋科普教育，定期举办大型的海洋科普宣传活动，实现海洋观教育和海洋知识普及教育的常态化、日常化。

其次，要加大投入，加强海洋科学学科建设。虽然我国海洋局势纷繁复杂、权益受损问题不时出现，但各地研究关注这一国家重大课题的机构、对此有系统研究的专家却屈指可数。海洋事业具有多学科交叉渗透和集成综合的特点，如海洋维权就涉及科技、经济、军事、外交等各个领域。要提高我国的海洋竞争力，政府就必须加大资金的投入力度，加强海洋综合学科建设，建立起海洋综合人才和专家的培养机制。国家应支持海洋类高校的海洋科学学科建设，海洋类高校的海洋学科专业和课程设置要适应海洋经济的发展状况，并根据情况及时调整研究方向，使海洋类高校成为培养海洋综合人才的摇篮，以促进海洋经济的持续发展。

再次，就是全面规划，推进海洋教育整体均衡发展。在海洋经济强国、强省、强市战略的强力推动下，以东部沿海为重点地区的"蓝色教育带"已初步形成，有海岸线（大陆岸线和岛屿岸线）的省（市、区）都设有海洋类或涉海类高等院校或涉海类学科、专业。从高等教育整体情况来看，我国海洋高等教育正处于成长期，四所海洋类院校都集中于东南部。要实现海洋经济强国的目标，我们要对全国海洋教育资源进行整合、优化，对海洋教育进行全面规划，促进我国海洋教育事业的均衡发展。

最后，还需要政策引导，实施海洋人才战略工程。我国是一个拥有300万平方千米主张管辖海域和1.8万千米海岸线的海洋大国，但是我们还远远没有达到海洋强国的水平。我国要实施21世纪海洋战略，就必须高度重视和认真组织实施海洋人才战略工程，造就一支结构合理、门类齐全、素质较高、数量可观的海洋人才队伍。

要达到上述目标，我们第一要建立完善的海洋教育体系，纵向包括学前海洋教育、初等海洋教育、中等海洋教育、高等海洋教育和终身海洋教育；横向包括海洋基础知识教育、海洋专业知识教育、海洋职业教育、海洋特殊领域技能教育等。第二，要多方筹措教育经费，有计划、有步骤地增加海洋教育机构，通过设立"海洋教育基金""海洋科技教育发展基金"等，加大海洋教育投入，吸引和鼓励优秀的海洋专业人才积极投入海洋教育事业。第三，要高度重视海洋人才培育。从国家层面，制订和推行各个层次的海洋知识、海洋科技、海洋意识的宣传教育计划；制定和执行专业培养规范、专业培养准入制度和专业教育评估制度，认证涉海工作职业；从学校层面，要合理开设海洋学科专业，大力发展与海洋产业密切相关的高新技术类专业和海洋领域应用型专业，要大力推动人才培养模式改革，深化教学改革，加大教学投入，加强教学管理，严格质量要求，保证满足海洋经济建设对海洋人才的长期需求。

二、开拓发展中国海洋战略空间勃兴的思维

海洋观念，就是人们对海洋在人类社会生存和发展中的地位、作用及重要性的总体认识和反映。强化国家海洋观念，其实质就是要从战略的高度关心海洋、认识海洋、经略海洋，认清海洋与国家、民族兴衰的关系。就海洋战略空间的基本概念来看，海洋观念是实践和推动海洋战略空间的重要前提和基本保障。因此，在新时期勃兴的海洋思维有助于海洋战略空间的蓬勃发展。开拓具有中国特色的海洋战略空间思维必须有计划地实施。

第一，彻底改变"重陆轻海"的传统观念，树立和强化建设海洋强国观念。中华民族是最早利用海洋的民族之一，我们的祖先早就开辟了沟通东、西方的海上丝绸之路，在长达上千年的时间里，通过海上物质和文化交流同世界各国互通有无，中华文明也随之传播到世界各地。但由于中华民族长期处于自给自足的以自然经济为主体的农耕社会，形成了传统的对黄土地的无限眷恋之情，加上古代强大军事威胁主要来自陆地，特别是明朝中期以后，在世界进入大航海时代和西方建立海上霸权之际，中国封建王朝采取了闭关锁国政策，实施了"以陆制海"和"禁海"的消极防御战略，使中华民族患上了严重的"蓝色贫乏症"。这种病症在战略思想上表现为"重陆轻海""以陆制海"，在军队建设上表现为"重陆军，轻海军"，在国土防卫上表现为"重陆防，轻海防"，使我国的海洋事业大大落后，经济技术发展缓慢，综合国力日渐衰落，海洋防卫空虚，海洋权益丧失。从鸦片战争开始，伺机已久的殖民主义者用坚船利炮，首先从海上洞开了中国的大门，中华民族从此坠入半封建半殖民地的深渊。在100多年的近代历史上，帝国主义对我国一而再再而三地入侵、掠夺，几乎都是来自海上。中华人民

共和国成立以后，中华民族有海无防、任人宰割的历史一去不复返。特别是改革开放以来，在加速发展经济的同时，也改变着传统的思想观念，发展海洋事业被提到了应有的重要地位，海洋资源的巨大潜力，在现代化建设中越来越明显地释放出来。但也不可否认，由于封建残余思想的影响，全民族的海洋观念还落后于飞速发展的时代步伐，建设海洋强国的意识还不够强。因此，我们一定要顺应国际海洋事业发展潮流，着眼中国特色社会主义事业发展大局，强化全民族的海洋观念，彻底改变那种"重陆轻海"的传统观念，树立和强化建设海洋强国的观念，提高海防能力和海洋资源开发能力，发展海洋经济，保护海洋生态环境，坚决维护国家海洋权益，扎实推进海洋强国建设。

第二，树立和强化海洋国土战略资源库的观念。国土是一个国家的物质基础，它综合体现了人、资源、环境三者之间的密切联系，是一个国家及人民的生存空间。对于沿海国家来说，国土包括陆地国土、海洋国土和空中国土。在广阔的海洋国土上蕴藏着丰富的海洋资源，即海洋生物资源、海洋矿产资源、海洋化学资源和海洋能源资源等。由于我国人口众多，随着经济的不断发展，陆地国土资源将日益减少，甚至有的重要资源日益枯竭，可持续发展战略将面临极大的挑战。出路何在？希望何在？出路在海洋，希望也在海洋，海洋是未来人类生存和发展的第二故乡，同样，海洋也为中国未来持续发展提供了希望。

我国的海洋国土不仅提供了新的战略后备资源，也为我国经济、政治、文化、社会、生态、军事力量的发展提供了新的有利条件，是实实在在的战略资源库。除了我国海洋国土资源库，还有人类共同继承的海域资源库。因此，我国建立和启动了海洋发展战略。海洋科学考察向深度和广度进军，不仅深入考察我国的海岸带、大陆架，而且进一步对包括最南端的曾母暗沙等固有领土作基础性调查，同时走向太平洋，挺进南北极，进行大洋考察，探索未来海洋开发的后备资源。在开发远洋渔业、建立海洋牧场、开采海洋油气和海底矿产、利用海洋能、创办海洋旅游业等方面，都有突破性的进展。我国海洋经济发展取得了很大成绩，但与发达国家相比，还有很大差距。我们必须提高海洋开发能力，扩大海洋开发领域，让海洋经济成为新的增长点，使海洋产业成为国民经济的支柱产业，为保障国家能源安全、食物安全、水资源安全、可持续发展安全做出贡献。

第三，树立和强化海上交通生命线的观念。海洋是最便利、最经济的"公路"，是大自然设立的伟大的流通媒介，是连接全球大陆的通道。这个"公路""媒介""通道"一经充分利用，立即产生巨大的经济效益。而这个海上交通线是否畅通、安全，对于越来越发展的贸易业，对于越来越多地依赖海外物资进口来维持生计的国家来说，具有生死攸关的意义。我国实行对外开放政策以来，对外贸易物资运输总量和海洋运输的总量急剧上升。随着国家经济的进一步发展，货物和原料的进口量必将进一步扩大，海上交通线越来越具有举足轻重的战略意义。

我国是一个能源消耗大国，就石油来说，2002 年，我国进口达 8000 万吨，2003 年达 1 亿吨，到 2010 年进口量达 1.7 亿吨，2013 年进口量达 2 亿多吨，已成为世界第二大石油进口国，其中相当大的比例要靠海运，而 2016 年年底的统计则又将近翻了一番，约达 3.8 亿吨。从 2003 年起，我国成为世界最大的铁矿石进口国，2013 年累计进口铁矿石突破 7 亿吨，并主要是靠海运。据数据显示，2016 年全年，中国海运铁矿石的到港量达创纪录的 10.1779 亿吨，增长了 4.68%，这也是中国海运铁矿石到港量首次超过 10 亿吨。

随着海洋运输线不断扩大，海洋经济占我国经济比重不断提高，海上运输线已成为我国经济发展、人民生活保障和国防建设的生命线。美国、日本等国为遏制我国的发展，有可能实施海上封锁，阻止我国进口石油、铁矿石等资源，为此我们必须树立和强化海上交通生命线的观念，着力发展海洋交通运输，提高保障海洋交通运输安全的能力。既要发展硬实力，打造远洋战力，用蓝色海军维护海洋战略通道，捍卫海上交通生命线，又要发展软实力，增强海洋问题上的话语权。

发掘与中国海洋战略空间拓展相适应的产业

一、"战略性新兴产业"概念的提出与内涵

2009 年，面对世界金融危机冲击下的全球经济形势与后金融危机时代进一步促进我国经济可持续发展这一重大挑战，"发展战略性新兴产业"概念被提出并受到广泛关注，成为中央政府在我国经济发展新阶段加快推进经济结构调整和增长方式转变的重要方式。随后，各级政府、学术界、企业界、科技界等围绕战略性新兴产业的内涵、门类、发展规律、对策措施等进行了系列探讨。随着讨论的不断深入，人们对于战略性新兴产业的认识逐渐明晰并趋于一致。

2010 年在国务院常务会议上，审议并原则通过《国务院关于加快培育和发展战略性新兴产业的决定》。

2016 年 11 月 29 日，国务院发布《"十三五"国家战略性新兴产业发展规划》，指出战略性新兴产业代表新一轮科技革命和产业变革的方向，是培育发展新动能、获取未来竞争新优势的关键领域。

未来 5~10 年，是全球新一轮科技革命和产业变革从蓄势待发到群体迸发的关键时期。信息革命进程持续快速演进，物联网、云计算、大数据、人工智能等技术广泛渗透于经济社会各个领域，信息经济繁荣程度成为国家实力的重要标志。创新驱动的新兴产业逐渐成为推动全球经济复苏和增长的主要动力，引发国际分工和国际贸易格局重构，全球创新经济发展进入新时代。

"十三五"时期是我国全面建成小康社会的决胜阶段，也是战略性新兴产业大有可为的战略机遇期。我国创新驱动所需的体制机制环境更加完善，人才、技术、资本等要素配置持续优化，新兴消费升级加快，新兴产业投资需求旺盛，部分领域国际化拓展加速，产业体系渐趋完备，市场空间日益广阔。但也要看到，我国战略性新兴产业整体创新水平还不高，一些领域核心技术受制于人的情况仍然存在；一些改革举措和政策措施落实不到位，新兴产业监管方式创新和法规体系建设相对滞后，还不适应经济发展新旧动能加快转

换、产业结构加速升级的要求，迫切需要加强统筹规划和政策扶持，全面营造有利于新兴产业蓬勃发展的生态环境，创新发展思路，提升发展质量，加快发展壮大一批新兴支柱产业，推动战略性新兴产业成为促进经济社会发展的强大动力。

二、海洋战略性新兴产业的构成

目前，海洋领域的学术界对于战略性海洋新兴产业尚没有明确的定义。战略性海洋新兴产业是指以海洋高技术发展为基础，以海洋技术成果产业化为核心内容，具有重大发展潜力和广阔市场需求，对相关海陆产业具有较大带动作用，可以有力地增强国家海洋开发能力的海洋产业门类以及海洋资源开发利用的配套设备和基础设施。

根据世界海洋科技发展趋势以及我国海洋产业发展现状，战略性海洋新兴产业主要包括海洋生物医药和功能食品业、海水利用业、海洋信息服务业、海洋可再生能源电力业、海洋新材料业、海洋生物育种与健康养殖业、海洋高端船舶和工程装备制造业。

海洋生物医药和功能食品业是指以海洋生物资源为研发对象，以海洋生物技术为主导技术，以海洋药物为主导产品，包含其他相关功能制品的海洋生物医药新兴产业类群。

海水利用业包括海水淡化、海水直接利用和海水化学资源等。

海洋信息服务业是由海洋信息的开发与利用形成的产业门类，它包括与海洋信息的采集、存储、加工、利用、传播等有关的部门。

海洋可再生能源电力业是指在沿海地区利用风能、潮汐能、波浪能、海流能、温差能、海洋生物质能等海洋可再生能源进行的电力生产活动。

海洋新材料可分为两类：一是取自海洋，利用海洋生物加工而成的材料，包括可降解纤维、医用胶黏剂等；二是应用于海洋，在海洋环境下使用的工程材料，包括防腐体系或涂料，防污体系或涂料，加固体系或胶黏剂，深海用固体浮力材料等。

海洋生物育种与健康养殖业是指综合利用现代育种技术、养殖技术和疾病防控技术，培育高产优质新品种，并实施健康、环保的养殖模式。

海洋高端船舶和工程装备制造业是人类进行海洋及海洋资源研究、开发、利用与保护的工具，包括高附加值船舶、海洋工程装备、水下装备及配套作业工具。

海洋战略性新兴产业是战略性新兴产业的重要组成部分，其发展在一定程度上影响着战略性新兴产业发展的成效，特别是在很大程度上关系着在我国经济版图上具有比较优势的东部沿海地区经济结构转型和增长方式转变的成败。海洋战略性新兴产业同样具有全局性、长期性、关联性以及高新科技性、发展潜力性、成长不确定性等共性特征，除此之外，海洋战略性新兴产业还具有显著的政治性特征，即海洋战略性新兴产业发展对于维护国家海洋权益，占有公海和国际海底区域重要海洋资源份额，拓展国家发展空间，在国际海洋竞争中占据优势地位具有重要意义。

由于海洋战略性新兴产业是基于战略性新兴产业和海洋产业，并且面向未来的战略发展模式，因此具备以下五种特性：

高技术引领性。与传统产业相比，战略性海洋新兴产业对科学技术，特别是高技术具有高度的依赖性。海洋开发是在海洋这个特殊的领域中进行的，难度很大，海洋开发所需要的几乎所有技术都是资金密集、知识密集的高新技术。正是世界海洋高新技术的迅速发展，才引发了海洋开发的新热潮，推动了新兴海洋产业的形成及发展。世界近几十年海洋经济所取得的突破性发展，是海洋生物技术、海洋资源探测技术、海洋油气开发技术、海洋深潜技术等进展的直接结果。由于新兴海洋产业的技术基础是海洋高新技术，因此高新技术产业化尤其是迅速规模化、社会化、国际化就成为海洋新兴产业加速成长、成熟并实现可持续发展的关键。

资源综合利用性。海洋产业是海洋资源开发的产业，海洋资源成为战略性海洋新兴产业发展的基本供给因素。一个国家(或地区)管辖海洋面积越大、所拥有的各类海洋资源总量越大、质量越高，其发展海洋新兴产业的潜力就越大。另一方面，海洋是有别于陆地的特殊资源载体，海洋系统的各个组成部分之间的相互联系和相互影响更加直接紧密。例如，海洋污染扩散容易而治理和恢复则很困难，对海洋的生态破坏也容易造成快速和广泛的连锁反应。因此，如果不注重海洋环境保护和采用可持续的管理、开发和发展模式，海洋新兴产业的发展势必会毁坏海洋的生态环境，这样不仅会使海洋提供生态服务的功能损失殆尽，也会让海洋经济赖以成长和发展的资源基础丧失。

环境友好性。战略性海洋新兴产业是综合消耗少、环境污染小的友好型产业。它不同于传统产业，是主要依靠科技创新发展起来的新产业，不仅是低碳经济条件下产业选择的必然结果，也是实现产业结构优化升级的有力手段。战略性海洋新兴产业不以大量消耗资源能源为条件，更不以产生大量环境污染为结果。节约利用资源，综合消耗少；强调环境保护，排放少，是创新驱动的产业，是环境友好的产业。

与陆地经济的融合性。战略性海洋新兴产业是陆地经济的某些产业向海洋空间上的延展，多与陆地的经济活动密不可分，具有内在的联系，形成陆海经济生产与再生产的综合经济系统。陆地产业是海洋产业发展的基础，可以为海洋产业提供配套设施和经济技术保障。例如，海洋运输业的发展离不开沿海港口及陆地运输体系的建设，也离不开陆上钢铁、机械、电子、造船等产业的发展。在海洋新兴产业与陆地产业发展过程中，无论是发展空间还是经济技术等方面，它们的相互依赖是逐渐增强的。海陆产业间客观上存在的这种必然联系，也决定了海洋经济与陆地经济发展互为基础和条件，相互间具有重要影响。

对国民经济的主导带动性。战略性海洋新兴产业是融多行业、多学科于一体的综合性产业，包括复杂的结构和众多分支，它的再生产过程同样包括生产、分配、交换与消费的过程。有些产业可以形成较长的产业链，具有很高的劳动生产率和投资回报率。有些产业与陆地产业的再生产过程是相互联系、相互影响的，可以联动陆地经济。如发展海洋造船可以带动港口建设，以港兴市，带动沿海工商业和城市发展。也就是说，海洋产业具有增长快、效益高、涵盖面广、产业关联度大、带动作用性强的特点。因此，战略性海洋新兴产业不仅具有很高的科技内涵，更具有很大的经济价值、社会价值，对国民经济的发展具有很强的主导带动性。

三、海洋新兴产业的战略空间展望

（一）战略空间视野下海洋新兴产业的未来展望

1. 海洋生物医药和功能食品业

海洋生物医药和功能食品业在现有产业发展的基础上，构建具有自主知识产权、国际竞争主动权的海洋生物医药和功能食品研发产业化技术创新体系，建立以中医药理论为指导、国际认可的完善的现代海洋中药研发与产业化配套技术体系；形成具有中国特色和国际竞争力的海洋生物医药和功能食品的产品体系及产业集群。到21世纪第三个十年，海洋生物医药将成为国家海洋战略性新兴产业的第一大支柱性产业，成为国民经济和社会发展中主导战略性新兴产业形成的主要贡献者，成为保障当代人民健康、提高生活质量的主导医药产业之一，在国际生物医药产业发展中具有竞争的主动权。

2. 海水利用业

海水利用业不断突破海水淡化、海水直接利用和海水化学资源利用等关键技术，建立一批对产业发展带动性强、对资源开发和环境保护具有重要支撑作用的国家示范工程，大力推进海水利用产业化，打造海水利用工程公司，建设国家海水利用产业化基地，全面提高我国海水利用整体水平和核心竞争力，努力提高国际竞争力和国际市场占有率。形成我国海水利用技术标准管理体系，培育形成海水利用战略性新兴产业，使海水成为我国沿海缺水地区的重要水源。大约到2030年，海水淡化能力将达到450万吨/日，海水直接利用达到2000亿立方米/年，海水提钾、镁、溴约100万吨/年，并将形成与之相配套的装备制造能力。

3. 海洋信息服务业

重点建设以"数字海洋"为核心的海洋信息基础设施。加速提升以我国领海和战略性海域为重点，覆盖全球的多尺度、全天候、天地一体化的海洋动态信息自主获取和处理能力；大力开展以近海为重点，面向远洋的海洋基础测绘和资源调查，军民融合的基础性、战略性海洋信息资源建设与服务形成规模并制度化，建成国家海洋信息共享与应用服务网络系统并及时投入运行服务，以便有效提升国家海洋宏观规划管理决策和积极参与全球海洋事务的能力；促进海洋资源的合理开发利用和环境保护，全面带动海洋产业的信息化和科学发展；重点建设基于新一代信息技术的海洋生产性信息服务产业，形成具有海洋专业化特色的新兴产业支撑，海洋支柱产业和新兴产业信息化改造，带动海洋产业升级；重点支持面向海洋运输、海洋油气勘探开发、海洋渔业和养殖、滨海旅游、海洋资源环境监管、海洋灾害监测预警和海洋科学研究的信息服务产业，分别纳入相应产业的产业链和国家电子政务、电子商务的业务系统。在未来，海洋信息服务业将成为带动海洋事业发展的重要基础设施。

4. 海洋可再生能源电力业

海洋可再生能源电力业的发展可分为两个阶段。目前我国正处于政府支持下的、以企业为主导的海洋能产业化发展与商业化运作期。这一时期属于通过国家的政策引导和资金支持，不断扩大海洋可再生能源示范应用规模的时期。力争到 2020 年，包括海洋风能在内的海洋可再生能源发电总装机容量达到 3000 万千瓦；形成较完善的海洋能产业链，实现海洋可再生能源开发利用的商业化运作，使我国海洋可再生能源开发利用技术达到同期世界先进水平。2021—2030 年是海洋能产业规模发展期。这一阶段企业成为海洋可再生能源开发的主体，全面实现海洋可再生能源的商业化和规模化产业集群运作，使我国海洋可再生能源开发利用率达到同期世界先进水平。

5. 海洋新材料业

重点发展与海洋油气开发相关的钻井平台水下结构、输送油气的海底管道等配套新材料的研制与开发。重点发展与海洋工程装备相关的防腐、防污、耐高低温交变隔离密封防护材料的研究，尤其加强与修建跨海大桥、海底隧道、海上发电相适应的水下施工用锚接、植筋、堵漏等加固支撑材料的研究。重点加强与深海探测器相配套的深海用高苛刻条件下隔离密封、防腐防污、浮力材料的研发。

6. 海洋生物育种与健康养殖业

深入开展鱼类、虾类、贝类、海参、藻类等大宗、高值化养殖品种遗传育种研究，培育出生长快、抗病性强等优良性状的新品种（系）；健全国家水产原种场、良种场、遗传育种中心、种质检测中心等机构；通过现代育种技术和良种示范推广，加速推进养殖良种化进程；建立以中草药、疫苗、微生态制剂专用抗菌素为主体的疾病防控技术体系；建设一批水产专业药品生产基地；构建一个覆盖我国沿海养殖省份的水产疾病远程会诊网络系统；在全国沿海分别形成若干个国家级良种产业化园区、海水养殖综合示范区，推进良种化和健康养殖技术的转化示范进程。

7. 海洋高端船舶和工程装备制造业

重点发展深海运载和探测技术装备，深水生产、作业和保障装备，推进深海运载和探测技术装备以及深水生产、作业和保障装备产品化和国产化；大力发展离岸海上风电设备、特种船舶及工程装备，形成若干特种船舶及工程装备的自主品牌产品，实现海上风电装备国产化，培育具有国际竞争能力的大型海洋装备制造产业链；培育专业的水下装备及其配套的通用材料和基础件制造产业，专业的海洋观测、监测仪器设备制造产业；培育深海矿产资源勘探开发装备生产能力；建设 2 ~ 3 个深海技术装备公共试验平台。

（二）相关政策与配套建议

1. 设立战略性海洋新兴产业专项资金

借鉴发达国家经验，加大国家财政对战略性海洋新兴产业的投入力度，设立国家海洋高技术研发和成果转化的专项基金，推动具有自主知识产权、技术先进、成熟度高的海洋高技术成果产业化，保障海洋高技术研究开发和产业化有稳定投入。

2. 建立多元化投融资体制与海洋新兴产业创业投资基金

支持具有市场前景的企业做大做强，鼓励社会资本、风险资本进入海洋战略新兴产业的生产和服务部门，为中小企业提供融资机会。扩大投融资支持和税收优惠。各级政府通过贷款贴息、补助、税收优惠等方式，加大对海洋高技术企业创新能力基础设施建设和产业化的支持力度。鼓励银行等机构提高对高技术产业的贷款比例，开展科技保险试点，设立高技术产业保险险种。按一定比例支持有关海洋高技术产品的政府采购。

3. 推进海洋高技术产业基地建设

促进海洋高技术产业集群发展。发展产业联盟，引导资金、技术、人才等生产要素向海洋高技术产业基地和产业园区集聚，促进形成产业特色鲜明、配套体系完备的高技术产业群。

4. 建设高素质人才队伍

创新人才引进、培养、评价、任用、表彰激励和服务保障机制，实施高端产业人才引进计划和培养工程。通过引进、培养、国际合作等方式，造就一批掌握全球海洋高技术的顶级专家。依托国家重大科技攻关项目，加大海洋高技术实用人才培养力度，推进研发团队建设。支持企业培养和吸引创新人才，缓解海洋高技术人才特别是产业人才短缺的矛盾。营造宽松环境，鼓励人才流动，建立有利于激励海洋高技术成果转化及产业化的人才评价体系，鼓励科技人才采取技术入股等方式与企业展开合作。

5. 促进战略性海洋新兴产业发展领域的国际合作

围绕战略性海洋新兴产业发展的需要，着力抓好关键领域的引进、消化、吸收、再创新和集成创新工作，积极推进原始创新，加快创新成果转化，实现战略性海洋新兴产业跨越式发展。加快实施"走出去"步伐，鼓励和支持有条件的战略性海洋新兴产业企业以独资或合资的形式在国外建立生产基地、营销中心、研发机构和经贸合作区，开展境外海洋资源合作开发、国际劳务合作、国际工程承包，发展海洋高技术服务业外包等。

海洋空间视域下的"21世纪海上丝绸之路"

随着世界经济的深刻调整与缓慢复苏，中国的经济发展也随之进入了新常态，国家领导人从现代战略的高度重新审视主体与周边国家的外交思想与社会经济布局，提出建设"丝绸之路经济带"和"21世纪海上丝绸之路"的倡议。

2013年9月7日，习近平主席访问哈萨克斯坦共和国期间，在纳扎尔巴耶夫大学发表演讲，首次提出共同建设"丝绸之路经济带"的倡议。10月3

日，习近平在印度尼西亚国会演讲中提出，东南亚地区自古以来就是"海上丝绸之路"的重要枢纽，中国愿同东盟国家加强海上合作，使用好中国政府设立的中国－东盟海上合作基金，发展好海洋合作伙伴关系，共同建设"21 世纪海上丝绸之路"。"一带一路"的倡议得到沿线国家和地区的响应，我国各地方政府则纷纷提出了各自的海洋战略空间发展定位，以有利于全面提升我国的对外开放水平。

2013 年 10 月，国务院召开了中华人民共和国成立以来的首次周边外交工作专项会议，在外交层面为建设"丝绸之路经济带"和"21 世纪海上丝绸之路"进行谋划和布局。在 2013 年 11 月召开的党的十八届三中全会又通过了《中共中央关于全面深化改革若干重大问题的决定》（以下简称《决定》）。《决定》特别指出："要加快沿边开放步伐，允许沿边重点口岸、边境城市、经济合作区在人员往来、加工物流、旅游等方面实行特殊方式和政策。建立开发性金融机构，加快同周边国家和区域基础设施互联互通建设，推进丝绸之路经济带、海上丝绸之路建设，形成全方位开放新格局。"

2014 年 3 月，我国政府工作报告指出："要谋划区域发展新棋局，由东向西、由沿海向内地，沿大江大河和陆路交通干线，推进梯度发展。依托黄金水道，建设长江经济带。以海陆重点口岸为支点，形成与沿海连接的西南、中南、东北、西北等经济支撑带。推进长三角地区经济一体化，深化泛珠三角区域经济合作，加强环渤海及京津冀地区协同发展。实施差别化经济政策，推动产业转移，发展跨区域大交通大流通，形成新的区域经济增长极。海洋是我们宝贵的蓝色国土。要坚持陆海统筹，全面实施海洋战略，发展海洋经济，保护海洋环境，坚决维护国家海洋权益，大力建设海洋强国。"同年 9 月，习近平在印度世界事务委员会演讲时说："中国提出'一带一路'倡议，就是要以加强传统陆海丝绸之路沿线国家互联互通，实现经济共荣、贸易互补、民心相通。中国希望以'一带一路'为双翼，同南亚国家一道实现腾飞。"

2015 年 3 月，我国的政府工作报告则进一步指出，"把'一带一路'建设与区域开发以及开放结合起来，加强新亚欧大陆桥、陆海口岸支点建设"。3 月 28 日，国家发展改革委、外交部、商务部联合发布了《推动共建丝绸之路经济带和21世纪海上丝绸之路的愿景与行动》，这是中国政府正式提出的规划文件，"一带一路"作为一个系统性的工程进入了实施阶段。与此同时，习近平主席在海南出席博鳌亚洲论坛2015年年会开幕式并发表主旨演讲时表示："一带一路"建设秉持的是共商、共建、共享原则，不是封闭的，而是开放包容的；不是中国一家的独奏，而是沿线国家的合唱。"一带一路"建设不是要替代现有地区合作机制和倡议，而是要在已有基础上，推动沿线国家实现发展战略相互对接、优势互补。2015年4月，习近平在巴基斯坦议会发表题为《构建中巴命运共同体　开辟合作共赢新征程》的重要演讲中指出：南亚地处"一带一路"海陆交汇之处，是推进"一带一路"建设的重要方向和合作伙伴。中巴经济走廊和孟中印缅经济走廊与"一带一路"关联紧密，进展顺利。两大走廊建设将有力促进有关国家经济增长，并为深化南亚区域合作提供新的强大动力。

2015年11月6日，习近平在越南国会发表的题为《共同谱写中越友好新篇章》的重要演讲中强调：中方高度重视两国发展战略对接，愿在"一带一路""两廊一圈"框架内，加强两国互联互通及产能和投资贸易合作，为新形势下中越全面战略合作伙伴关系向更高层次发展注入强劲动力。第二天，习近平在新加坡国立大学发表题为《深化合作伙伴关系　共建亚洲美好家园》的重要演讲中强调："两年前，我在访问中亚和东南亚时，提出建设'一带一路'的设想。这是发展的倡议、合作的倡议、开放的倡议，强调的是共商、共建、共享的平等互利方式。"2015年11月18日，习近平在菲律宾马尼拉出席亚太经合组织工商领导人峰会时发表的题为《发挥亚太引领作用　应对世界经济挑战》的主旨演讲中强调：通过"一带一路"建设，我们将开展更大范围、更高水平、更深层次的区域合作，共同打造开放、包容、均衡、普惠的区域合作架构。

2016年12月3日，外交部长王毅在2016年国际形势与中国外交研讨会开幕式上表示，习近平主席总结了"一带一路"倡议提出以来取得的进展，提出中国愿同沿线国家携手打造"绿色、健康、智力、和平"四大指向的丝绸之路，明确了"一带一路"建设的大方向，描绘了共建"丝绸之路"的新愿景，得到国际社会普遍响应。迄今已有100多个国家和国际组织表达了积极支持和参与的态度，我国已同 40 个国家和国际组织签署共建"一带一路"合作协议。

2017 年 5 月，首届"一带一路"国际合作高峰论坛在北京举办，这是"一带一路"框架下最高规格的国际活动，也是中华人民共和国成立以来由中国首倡、中国主办的层级最高、规模最大的多边外交活动，是中国年度最重要的主场外交。习近平主席在讲话中提出将"一带一路"建成和平、繁荣、开放、创新、文明之路。同年 10 月召开的中国共产党第十九次全国代表大会期间，又将"一带一路"写入党的十九大报告和《中国共产党章程》。党的十九大报告提出，中国开放的大门不会关闭，只会越开越大。要以"一带一路"建设为重点，坚持引进来和走出去并重，遵循共商、共建、共享原则，加强创新能力开放合作，形成陆海内外联动、东西双向互济的开放格局。"一带一路"是国家层面的战略布局与指导思想，自其提出以来得到了世界多个国家的响应，也取得了重要的成效，对未来中国海洋战略空间的拓展有着非凡的意义。

二、"21 世纪海上丝绸之路"包纳的空间与区位

历史上的海上丝绸之路有三条航线，分别为东海航线：主要从中国的东部港口出发到达朝鲜、日本。南海航线，也是影响最大的一条航线：主要从中国的东南和南部的港口出发，经东南亚、南亚的各个沿海国家到达西亚、北非和印度洋西岸的沿海国家。美洲航线：主要从福建的泉州出发，经菲律宾的马尼拉到达美洲。[①] "21 世纪海上丝绸之路"的构建主要围绕着南海航线展开。在"21 世纪海上丝绸之路"提出之后，中国高层"海上丝绸之路"外交所涉及的国家包括东盟十国，南亚的印度、巴基斯坦、斯里兰卡、马尔代夫，西亚和北非的阿拉伯联盟。

就海洋战略空间的视角，"21 世纪海上丝绸之路"倡议虽然具备概念层次的解析，但在实际操作的时空地位上依旧需要明晰。就细致的分类梳理来看，黄茂兴教授的观点相对值得借鉴与引证。他根据其所处的地理位置和各国联系的紧密程度，分为三个部分：东盟部分、南亚部分、波斯湾和红海

---

① 陈炎：《略论"海上丝绸之路"》，载《历史研究》，1982 年第 6 期，第 161 页。

部分①。

东盟航线。东盟是"21世纪海上丝绸之路"倡议空间距离中国最近并与中国联系最为紧密的部分。东盟人口与经济总量巨大，大部分都是中低收入国家，经济增长迅速；除老挝之外都为海洋国家，拥有新加坡、马尼拉、雅加达、海防等众多的港口城市。中国和东盟山水相连、血脉相亲、文化相通、利益相融，自1991年开启对话进程以来，双方已在互联互通、金融、海上、农业、信息通信技术、人力资源开发、相互投资、湄公河流域开发、交通、能源、文化、旅游、公共卫生、环境等20多个领域开展合作。

可以说，东盟是推进"21世纪海上丝绸之路"建设的重中之重，做好东盟范围内的"21世纪海上丝绸之路"倡议建设，会对其他部分的推进产生巨大的示范效应。在"21世纪海上丝绸之路"倡议框架下，东盟范围内区域合作的拓展空间和重点发展方向：一是积极推动自贸区升级谈判，扩大双方贸易投资开放的领域，力争双边贸易额在2020年达到10 000亿美元，新增双向投资1500亿美元；二是利用好中国－东盟互联互通合作委员会、中国－东盟交通部长会等机制加强海上互联互通的基础设施建设，尤其是推动"泛亚铁路"的建设；三是利用好中国－东盟海上合作基金，稳步推进包括海洋经济、海上环保科研、海上搜救等在内的海上合作；四是共同制定《中国－东盟文化合作行动计划》，密切人文、科技、环保等交流。

南亚航线。南亚航线位于"21世纪海上丝绸之路"倡议的中段，面向印度洋，是世界商贸水上要道，全球一半集装箱货运、三分之一的散运及三分之二的石油运输都要取道印度洋，它是东南亚和东亚连接非洲、中东、欧美的必经之路。南亚部分四个国家除马尔代夫外，其他均为中低收入国家，经济发展水平落后，但增长迅速。重要的是，他们都是海洋国家，主要港口城市包括加尔各答、孟买、卡拉奇、瓜达尔、科伦坡。

南亚处于"21世纪海上丝绸之路"的枢纽地带，对"21世纪海上丝绸之路"的建设至关重要，但中国与南亚的合作现状是：与小国的联系紧密程度远

---

① 黄茂兴等：《"21世纪海上丝绸之路"的空间范围、战略特征与发展愿景》，载《东南学术》，2015年第4期，第73页。

远大于地区大国印度。因此，加深与印度的合作，发展与印度的战略伙伴关系成为南亚部分"21世纪海上丝绸之路"建设的关键。在"21世纪海上丝绸之路"框架下，南亚范围内区域合作的拓展空间和重点发展方向：一是推进自贸区建设，扩大双方贸易投资额，尤其是尽快启动与印度的自由贸易区谈判，争取在2020年使双边贸易额达到1500亿美元。二是通过铁路、公路等基础设施的互联互通建设，推进中巴经济走廊、孟中印缅经济走廊的建设进程，通过参与南亚港口建设推进海上互联互通。习近平主席2015年4月访问巴基斯坦时，双方确定了以经济走廊建设为中心，瓜达尔港、能源、交通基础设施、产业合作为重要领域的"1+4"合作框架。三是加大对南亚尤其是印度的工业和基础设施的投资，建设工业园区，升级和修建高速铁路。四是建立海上合作对话机制，就海洋事务、海上安全交换意见，加强海上合作。五是共同制订文化交流计划，密切人文联系。

波斯湾和红海航线。波斯湾和红海航线区域范围内主要是阿拉伯国家联盟。阿拉伯国家联盟简称"阿盟"，由西亚和北非的22个阿拉伯国家组成。阿盟国家是世界最主要的能源基地，拥有全球62%的石油储量和24%的天然气资源，对中国乃至世界的能源安全都至关重要。阿盟国家经济发展状况表现不一，有高收入的产油国，如海合会六国的沙特阿拉伯、阿拉伯联合酋长国、阿曼、卡塔尔、巴林、科威特，这些国家社会稳定，经济增长迅速；也有低收入的非产油国，如也门，北非的苏丹、埃及，社会局势动荡，经济甚至出现负增长。

阿拉伯国家位于"一带一路"的西端交汇地带，是中国推进"一带一路"建设的天然和重要合作伙伴。建设好"21世纪海上丝绸之路"，中阿应利用好现有的合作机制，尤其是中阿论坛，发挥好各国的优势，促进资源要素在中国和阿拉伯国家之间有序自由流动和优化配置，突破中阿务实合作转型升级面临的瓶颈制约，实现从能源到投资、科技、文化全方位的合作。

在"21世纪海上丝绸之路"框架下，波斯湾和红海范围内区域合作的拓展空间和重点发展方向为：一是扩大中阿双边贸易和相互投资，并就贸易和投资便利建立适当的制度安排，尽快重启与海合会的自贸区谈判；二是加强中阿在铁路、公路、港口、民航、电信等领域合作，推进基础设施互联互通，积极参与阿拉伯半岛铁路等战略项目建设；三是拓展金融、核能、航天等新领域合作，带动中阿务实合作转型升级；四是深化油气领域上下游合作，开拓太阳能、风能等可再生能源领域合作，实现双方能源发展长期规划的对接；五是扩大文化、教育、卫生、体育等人文领域交流，促进文明之间的交流对话。①

通过上述分析，我们了解到"21世纪海上丝绸之路"涉及的空间范围非常广阔，国家众多，各国经济发展水平、政治制度、社会文化等方面差异较大，因此其构建过程必定漫长复杂。在这个过程中，我们要秉持平等开放的原则，从实施起来比较容易的国家开始，然后以点带面、逐步推进，最终实现广泛区域内的深化合作。

三、"21世纪海上丝绸之路"建设发展的趋势与愿景

习近平总书记在提出共建丝绸之路经济带的设想时就已提出"以点带面，从线到片，逐步形成区域大合作"的循序渐进的建设思路，并为此提出加强政策沟通、道路联通、贸易畅通、货币流通、民心相通的"五通"举措。可以看出，这些举措不仅致力于经济发展，也重视国际关系的稳定。② 同样，这"五通"举措也适用于打造"21世纪海上丝绸之路"。作为中国海洋战略空间的未来重要组成部分，"21世纪海上丝绸之路"的发展还需要注重以下三个方面的推进。

1. 全面准确定位"21世纪海上丝绸之路"的经贸功能

必须对"21世纪海上丝绸之路"进行准确的定位，才能制定符合未来实际的发展方向和建设思路。在经贸领域，对"21世纪海上丝绸之路"的功能可以进行以下定位：一是保障货物自由贸易、要素自由流动的基本功能，"21世纪海上丝绸之路"具有现代意义的通道，不仅是海上运输通道，还包括航空运输和管道输送方式以及陆地通道，其基本定位就是保障"货物自由贸易、要素

---

① 中阿合作论坛：《中国阿拉伯国家共建"一路一带"的方向》，2014年4月23日。
② 卢昌彩：《建设21世纪海上丝绸之路的若干思考》，载《决策咨询》，2014年第4期，第7页。

自由流动"①；二是连接亚洲、非洲、欧洲各国的贸易和经济的纽带功能，"21 世纪海上丝绸之路"是一条由沿线节点港口互联互通构成的、辐射港口城市及其腹地的贸易网络和经济带；三是制度建设和经济治理功能，"21 世纪海上丝绸之路"包含了中国与各条航线节点国家建立的经贸合作关系以及经贸合作规则和制度建设。通过经贸制度建设和经济合作，形成"21 世纪海上丝绸之路"沿线国家的经济共同体；四是中国开放型经济体系的平衡器功能，当前，中国外经贸发展具有不平衡性，加强与新兴及发展经济体的外经贸关系十分必要，"21 世纪海上丝绸之路"沿线国家多是发展中国家，对中国外经贸平衡发展会起到重要作用。总之，"21 世纪海上丝绸之路"承载着中国"走出去"功能，承载了中国全面开放的重任，是中国构建多元平衡开放体系的重要方式，是中国开放型经济的组成部分。

2. 充分发挥"21 世纪海上丝绸之路"的国际新秩序功能

如前所述，建设"21 世纪海上丝绸之路"具有重大的国际秩序建构意义，而且，不仅包括经济秩序，也包括政治秩序。我们要从国际政治经济新秩序的高度来认识建设"21 世纪海上丝绸之路"。在建构国际秩序过程中，要注意以下几点：一是要重视和利用已有经济体或经贸网络，趋利避害。特别是东南亚地区自古以来就是"海上丝绸之路"的重要枢纽，要进一步加强和深化与东盟国家的交往，打造中国与东盟自贸区升级版。二是要警惕和防范其他国家的国际战略部署给"21 世纪海上丝绸之路"建设所带来的压力和风险。当前国际局势相当复杂，诸多国家都有着谋求自身利益最大化的国际秩序诉求，如美国就有学者提出了"大中亚"思想和"新丝绸之路"构想，主张建设一个连接南亚、中亚和西亚的交通运输与经济发展网络；印度、伊朗和阿富汗共同推进南亚"南方丝绸之路"建设行动，试图打通"海上丝绸之路"和"陆上丝绸之路"。② 这些构想的实施，可能蕴含着对我国的对外关系有利的一面，但更值得注意的是其发展对我们建设"21 世纪海上丝绸之路"的挑战，谨防我们被

① 陈万灵等：《海上丝绸之路的各方面博弈及其经贸定位》，载《改革》，2014 年第 3 期，第 80 页。
② 张勇：《略论 21 世纪海上丝绸之路的国家发展战略意义》，载《中国海洋大学学报（社会科学版）》，2014 年第 5 期，第 17 页。

排除出局。特别是当前美国实施的"亚太地区再平衡"战略，其在经贸方面，一方面构建跨太平洋伙伴关系协议（TTP），以阻碍东亚区域一体化进程，另一方面力图构建跨大西洋贸易与投资伙伴关系协定（TTIP），从欧洲大陆方面阻碍亚洲与欧洲的经贸合作进程。这些无疑都将限制中国海上的拓展。三是开辟和倡导新的国际贸易新机制。"21世纪海上丝绸之路"建设，将更注重依靠区域主体自身的文明特点、发展特征、资源与制度禀赋的优势来形成发展的合力，实践一种"合作导向的一体化"。此合作模式提倡不同发展水平、不同文化传统、不同资源禀赋、不同社会制度国家间开展平等合作，共享发展成果，通过合作与交流，把地缘优势转化为务实合作的成果。

3. 发展和丰富"21世纪海上丝绸之路"的文化功能

"海上丝绸之路"不限于交通贸易，它实际上促进了东西方经济文化交流，是友谊之路、文明传播之路。"丝绸之路"是个雅称，特指古代东西方物质文明与精神文明之间的交通、贸易、文化交流的途径及其形成的有形或无形的历史文化时空网络。它是一个有"泛指"意义的词汇。文化的传播是展示我国软实力的重要载体，在向沿路各国甚至世界展示和传播文化的同时，要注意以下几个方面：一是坚持开放和兼容的文化发展方针，保持中华民族优秀文化的先进性和时代性，在内容上要去陈纳新，吸收代表时代要求和先进文化前进方向的各种文化价值观念；在形式上，要充分发挥和运用现代科学技术，如接受世界新的文化传播手段和文化形式、信息技术、计算机、网络技术等，构筑能够满足文化发展要求的平台，建设代表先进文化方向的有中国特色的社会主义文化。二是正确处理人类共同价值与地域性之间的冲突与融合，我们要吸收人类创造的一切适合我国经济社会发展需要的优秀文明成果，当然包括文化与价值，一方面我们要正视文化与价值所具有的"共同性"文明的一面，积极吸收其优秀成果；另一方面要充分警惕某些域外文化与价值的局限性与消极性。当前，特别是要全面正确认识西方社会所宣称的"普世价值"所具有的独特而具体的含义，谨防其消极影响和不利渗透。保持文化和价值的多元性和地域性的特点，本身就是建设"21世纪海上丝绸之路"的重要特点，我们不是谋求文化和价值的整齐划一的一致性。三是丰富和发展本国有影响力的核心价值体系，一个没有核心价值体系的国家必然"行之不远"，中国需要建立起一套对南海周边国家有吸引力的核心价值体系，这是历史经验的告诫。[①] 在全球或区域的文化交流过程中，最深层次的是人们价值观念的冲突与融合。要想在价值和信仰的冲突与磨合中取胜，我们所倡导的价值与信仰必须是反映时代潮流和社会发展方向的，有学者称之为"高势能文化"。这种高势能的文化在形式上采用当代最先进的文化形式，充分利用现代文化传媒与传播技术，在内容上应该符合人类自身的解放诉求与人类社会公平正义的价值期望。

2017 年 6 月，为适应新形势的变化、回应沿线国家的关切，进一步体现共商、共建、共享的"一带一路"建设原则，国家发展改革委、国家海洋局共同编制《"一带一路"海上合作设想》（以下简称《设想》），就推进"一带一路"建设海上合作提出中国方案。该《设想》是中国政府推动联合国《2030 年可持续发展议程》在海洋领域落实的纲领性文件，对促进就业、消除贫困、保护和可持续利用海洋和海洋资源做出了务实承诺。它是中国政府对与沿线国家开展海上合作的顶层设计和路线图，提出了中国与沿线国家开展海上合作的原则、重点领域、合作机制、行动计划等，愿景可期，路线清晰，行动具体。

《设想》提出要重点建设三条蓝色经济通道：以中国沿海经济带为支撑，连接中国 – 中南半岛经济走廊，经南海向西进入印度洋，衔接中巴、孟中印缅经济走廊，共同建设中国 – 印度洋 – 非洲 – 地中海蓝色经济通道；经南海向南进入太平洋，共建中国 – 大洋洲 – 南太平洋蓝色经济通道；积极推动共建经北冰洋连接欧洲的蓝色经济通道以及以共走绿色发展之路、共创依海繁荣之路、共筑安全保障之路、共建智慧创新之路、共谋合作治理之路为合作重点。

"五路"简介如下：

共走绿色发展之路。 中国政府将用绿色发展的新理念指导"一带一路"建设海上合作，加强与沿线国在海洋生态保护与修复、海洋濒危物种保护、海

---

① 郑海麟：《建构"海上丝绸之路"的历史经验与战略思考》，载《太平洋学报》，2014 年第 1 期，第 5 页。

洋环境污染防治、海洋垃圾、海洋酸化、赤潮监测、海洋领域应对气候变化以及蓝色碳汇等领域的国际合作,并将在技术和资金上提供援助。

共创依海繁荣之路。中国愿携手沿线国家应对世界经济面临的挑战,整合经济要素和发展资源,大力发展蓝色经济,推进海上互联互通,加强在海洋产业、港口建设运营、海洋资源开发利用、涉海金融以及北极开发利用等方面的合作,增加就业机会,努力消除贫困,让广大民众成为"一带一路"建设的直接受益者。

共筑安全保障之路。中国倡导"共同、综合、合作、可持续"的安全观,希望与沿线各国加强在海洋公共服务、海上航行安全、海上联合搜救、海洋防灾减灾和海上执法合作等领域的合作,为保护人民生命财产安全和经济发展成果构筑安全防线。中国倡议发起海上丝绸之路海洋公共服务共建共享计划,完善海洋公共服务体系,提高海洋公共产品质量,共同维护海上安全。

共建智慧创新之路。中国政府倡导创新驱动发展,将加强与沿线国在海洋科技、智慧海洋等领域的合作,联合打造一批海洋科技合作园、海洋联合研究中心和海洋公共信息共享服务平台。

共谋合作治理之路。中国愿与沿线国进一步加强战略和对话磋商,在发展好海洋合作伙伴关系基础上,构建包容、共赢、和平、创新、可持续发展的蓝色伙伴关系。中国倡导建立海洋高层对话机制和蓝色经济合作机制,欢迎企业、社会机构、民间团体和国际组织参与"一带一路"建设海上合作,共同参与全球海洋治理。